U0173734

实验室生物安全管理实践

主 编 顾 华 翁景清

副主编 朱发明 周 标
　　　　陈树昶 应华忠

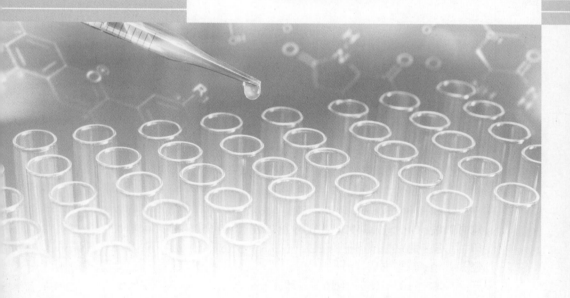

人民卫生出版社

图书在版编目（CIP）数据

实验室生物安全管理实践 / 顾华，翁景清主编 . —
北京：人民卫生出版社，2020
ISBN 978-7-117-30031-5

Ⅰ. ①实…　Ⅱ. ①顾…②翁…　Ⅲ. ①生物学 – 实验
室管理 – 安全管理　Ⅳ. ①Q–338

中国版本图书馆 CIP 数据核字（2020）第 087385 号

| 人卫智网 | www.ipmph.com | 医学教育、学术、考试、健康，购书智慧智能综合服务平台 |
| 人卫官网 | www.pmph.com | 人卫官方资讯发布平台 |

实验室生物安全管理实践

主　　编：顾　华　翁景清
出版发行：人民卫生出版社（中继线 010-59780011）
地　　址：北京市朝阳区潘家园南里 19 号
邮　　编：100021
E - mail：pmph @ pmph.com
购书热线：010-59787592　010-59787584　010-65264830
印　　刷：北京铭成印刷有限公司
经　　销：新华书店
开　　本：710×1000　1/16　印张：9
字　　数：166 千字
版　　次：2020 年 6 月第 1 版　2020 年 6 月第 1 版第 1 次印刷
标准书号：ISBN 978-7-117-30031-5
定　　价：48.00 元

打击盗版举报电话：010-59787491　E-mail：WQ @ pmph.com
质量问题联系电话：010-59787234　E-mail：zhiliang @ pmph.com

编　委

前　言

　　生物安全是国家安全的组成部分,已成为全世界、全人类面临的重大生存和发展威胁之一。近年来,随着全球人口增长及对自然环境的扰动加剧,新发突发传染病疫情暴发有增长趋势,快速便捷的交通体系为传染病的传播提供了便利条件,新兴生物技术快速、颠覆性发展,生物体改造方法和工具不断更新,一旦被人为恶意应用,后果不堪设想,世界范围内生物安全风险环节和不安定因素在逐渐增多。

　　2019 年底暴发的新型冠状病毒肺炎疫情给人民的生命和财产安全带来巨大威胁与损失,重大传染病和生物安全风险是事关国家安全和发展、事关社会大局稳定的重大风险挑战。我国高度重视生物安全工作,已将生物安全纳入国家安全体系,拟出台生物安全法,加快构建国家生物安全法律法规体系、制度保障体系。

　　实验室生物安全是生物安全的重要内容之一,关系到实验人员健康和环境安全。生物安全实验室是疫情早期发现和科学研究的重要条件,我国开展病原微生物检测的实验室数量多、涉及面广,检测样本数量大,一旦发生病毒泄漏或人员感染,将导致严重后果,近年来,我国相继颁布了相关的法律法规、国家标准和行业标准等,但实验室生物安全工作实践性很强,技术要求比较高,管理难度大,浙江省在 2005 年就开始全面加强实验室生物安全管理工作,探索建立了"SINS"管理模型,通过系统化、信息化、规范化、标准化的综合性手段全面提升实验室生物安全现代化高质量管理。

　　本书根据国家法律法规和有关标准的要求,组织专家在总结提炼前期工作实践基础上编撰而成,希望为广大实验室管理和工作人员提供操作性好、实用性强的参考工具书,全书共分为十三章,主要介绍管理体系、体系运行管理、实验室设施管理、实验室建设与设计、实验设备管理、危险材料管理、实验室感染控制与消毒管理、意外事件处置管理、动物实验室管理、消防和安保设施设备管理、防护设备使用与维护、检测与消毒设备使用、维护。

规范化管理对生物安全管理十分关键，既是管理工作的生命线，也是生物安全管理的基本要求，极为关键。通过规范化建设，不仅可以提高管理效率与规范性，也能杜绝管理的随意性和主观性，是科学管理不可忽略和缺少的重要方面。

由于实验室生物安全工作发展迅速，不断有新理论、新技术、新装备的应用，加上编者的水平有限，编写时间仓促，疏漏和错误在所难免，敬请同行和广大读者批评指正，便于我们不断改进完善。

顾　华

2020 年 5 月

目 录

第一章

绪　　论

第一节　生物安全相关基本概念

一、生物安全的概念

生物安全是指全球化时代国家有效应对生物及生物技术因素的影响和威胁,维护和保障自身安全与利益的状态和能力。它是对生物风险的认识和应对生物风险的能力,是以国家安全为主要研究与服务对象,通过自然科学与社会科学相结合,从宏观与微观两个层面研究评估生物因素,特别是在生物资源研究利用及生物技术发展的过程中给人类社会带来的安全隐患与威胁以及应对措施与能力建设,主要包括防御生物武器攻击、防范生物恐怖袭击、病原体管理与传染病处置、防止生物技术误用和谬用、保护生物资源与生物多样性以及保障生物实验室安全等。

20世纪70年代发展起来的现代生物技术在促进全球经济发展、提高防病治病能力、保障民众生活水平等方面发挥了重要作用。近年来,随着国际安全形势趋向不稳定,人员和物资流动导致对自然界扰动增加,生物技术发展所导致的潜在的误用与谬用风险增高,生物安全已经成为国际社会共同面临的重大安全问题。2000年以来,全球性生物安全事件频频发生,2001年美国发生炭疽生物恐怖袭击,2003年的SARS疫情波及32个国家和地区,2015年MERS冠状病毒在韩国流行,2014年在西非地区暴发埃博拉疫情,2019年突发新型冠状病毒肺炎疫情。实验室工作人员在采集、运输、实验活动、废物处理、样本存储等各个环节都直接接触病原微生物,稍有不慎就会造成人员感染或病毒泄漏,极易引起社会公众的恐慌,将对社会安定、环境安全、国际形象,乃至国民经济的发展造成严重影响。

　　生物安全关系到人类的生存和经济社会的稳定发展,一旦发生全球突发公共卫生事件将给全人类生命健康带来极大威胁,各国政府均高度重视。2015年,我国国家安全委员会出台的《国家生物安全政策》明确将生物安全纳入国家发展战略范畴,强调生物安全是攸关政权稳定、社会安定、公众健康、经济发展和国防建设的重大问题,已日益成为大国博弈的战略制高点。当前,我国面临着严峻的生物安全形势,加快建设我国传染病生物安全快速反应体系,全面提升我国生物安全防御能力,是保障民族核心利益、维护国家安全稳定的必然要求。2018年9月18日,美国政府发布《国家生物防御战略》,是其迄今为止最为全面、系统地应对各类生物安全威胁的战略性文件,代表了美国对国内国际生物安全能力建设的新方向,该战略将自然发生、意外事故或人为故意造成的生物威胁并重,并突出传染病和生物武器威胁,确定了感知、预防、准备、响应和恢复等五大重点建设和管理目标。

二、其他基本概念

　　实验室(laboratory)已经成为疾病防控、健康产业、科学研究的重要条件,也是人员防护与环境保护的主要防护屏障。根据学科领域的不同,可分为生物实验室、化学实验室和物理学实验室等,近年来,全球各类实验室数量增长迅速,实验室内事故频发,加强实验室生物安全管理,提高实验室生物安全管理水平刻不容缓。

　　实验室生物安全(laboratory biosafety)是指在从事病原微生物实验活动的实验室中为避免病原微生物对工作人员、相关人员、公众的危害以及对环境的污染,保证实验研究的科学性或保护实验因子免受污染,而采取包括建立规范的管理体系,配备必要的物理、生物防护设施和设备,建立规范的微生物操作技术和方法等综合措施。实验室一旦发生生物安全事故不但威胁实验室工作人员的健康乃至生命,还给所在单位、部门带来不好的影响,甚至会引发疾病的流行,造成非常严重的后果。

　　生物安全实验室是指通过规范的设计建造、合理的设备配置、正确的装备使用、标准化的程序操作、严格的管理规定等,确保操作生物危险因子的工作人员不受实验对象的伤害,周围环境不受其污染,实验因子保持原有本性,从而实现实验室的生物安全。目前我国根据所操作的生物因子的危害程度和采取的防护措施,将生物安全实验室的防护水平(biosafety level,BSL)分为四级,一级防护水平最低,四级防护水平最高,以BSL-1、BSL-2、BSL-3、BSL-4表示实验室的相应生物安全防护水平。从事不感染人或动物的微生物实验活动时,一般可在BSL-1实验室中进行;如果病原体不形成气溶胶,如肝炎病毒、人类免疫缺陷病毒、多数肠道致病菌及金黄色葡萄球菌等可在BSL-2实验室中进行;如果病原体传染性强,且能通过气溶胶传播,如布鲁氏氏杆菌等的大量活菌操作,应在 BSL-3 实验室中进行;BSL-4 实验室仅用于烈性传染病病原微生物的操作。

第二节 国内外生物安全管理发展现状

1. 国外实验室生物安全发展现状 1983 年,世界卫生组织(WHO)出版了《实验室生物安全手册》(第 1 版),于 1993 年出版第 2 版,2004 年出版第 3版。该手册的出版对各个国家都有指导性作用,它可以帮助制定并建立实验室操作规范,确保微生物病原的安全管理,进而确保其在临床、研究和流行病等方面的安全工作。该手册对各级生物安全实验室的进入、人员防护、操作规程、实验室设计、布局、废物处置、生物安全管理等做了比较明确的规定。

1999 年,美国生物安全协会(American Biological Safety Association, ABSA)、美国疾控中心(Centers for Disease Control and Prevention,CDC)和美国国立卫生研究院(National Institutes of Health,NIH)的生物安全专家,根据发生的一些新情况,在第 3 版的基础上进行了实验室标准微生物操作、特殊操作作出了明确的规定,将实验室的防护分为一级和二级防护,并提出了比较明确的要求。

1977 年 2 月,加拿大医学研究委员会(Medical Research Council,MRC)出版了有关处理重组 DNA 分子、动物病毒和细胞的指南——《实验室生物安全指南》(*the Laboratory Biosafety Guidelines*)。2004 年,第 3 版《实验室生物安全指南》正式出版,内容包括生物安全(包括危险等级、防护等级、危险评价、生物安全官员和生物安全委员会),感染材料的处理,实验室动物的生物安全,消毒、生物安全柜的使用等。该指南防护等级分为四级,分别用 CL1、CL2、CL3、CL4 表示,CL2 相当于 BSL-2 实验室防护水平。

美国 NIH/CDC 联合出版了《微生物学及生物医学实验室生物安全准则》(*Biosafety in Microbiological and Biomedical Laboratories*,BMBL),也针对各病原体对人体、环境的危害程度而将病原性微生物分为四大类。欧盟先后也出台了生物安全相关标准,包括 EN 12128—1998 生物技术·研究、开发和分析用实验室·微生物实验室、危险区域及现场的安全等级和安全技术要求;欧洲 BS CWA 16335—2011 生物安全专业技能;EN 12286—1999 试管诊断·生物原始试样中数量值的测量·参照测量法的说明;EN 12287—1999 实验室诊断医疗设备·生物起始试样中的数量测量·标准物质的说明;EN 12296—1998 生物技术·设备·纯净检验法指南;EN 12297—1998 生物技术·设备·消毒性能检验法指南;EN 12298—1998 生物技术·设备·泄漏安全性检验法指南;EN 12347—

1998 生物技术·蒸汽消毒器和高压釜用性能标准等。

2. 我国实验室生物安全发展 2004 年 11 月 12 日,国务院时任总理温家宝签署国务院令,颁布《病原微生物实验室生物安全管理条例》(第 424 号),这一条例是目前我国生物安全实验室建设与管理的主要法律依据。除此之外,我国还出台了《中华人民共和国传染病防治法》《医疗废弃物管理条例》《危险化学品安全管理条例》等。随着新型冠状病毒疫情的不断蔓延,让大家充分认识到,生物安全问题是国家安全的重要组成部分。我国也即将出台《生物安全法》。根据报道,生物安全法草案分为八大类:一是防控重大新发突发传染病、动植物疫情;二是研究、开发、应用生物技术;三是保障实验室生物安全;四是保障我国生物资源和人类遗传资源的安全;五是防范外来物种入侵与保护生物多样性;六是应对微生物耐药;七是防范生物恐怖袭击;八是防御生物武器威胁。并且设专门章节规定了生物安全能力建设,主要体现为通过加大经费投入、基础设施建设、人才培养,鼓励和扶持自主研发创新、科技产业发展等途径对生物安全工作给予财政资金支持和政策扶持等。专家还指出,制定生物安全法不仅为建立完善我国生物安全法律体系奠定了基础,也有利于我国履行国际承诺,与世界各国一道防范生物威胁,共同维护世界和平和稳定。

2002 年 12 月 3 日,原卫生部发布了卫生行业标准《微生物和生物医学实验室生物安全通用准则》(WS 233—2002),该准则于 2003 年 8 月 1 日开始实施,是我国实验室生物安全领域的第一个行业标准,具有里程碑意义,2017 年进行了重新修订,修改了实验室生物安全防护的基本原则、要求,从实验室的设施、设计、环境、仪器设备、人员管理、操作规范、消毒灭菌等进行细致规范。修改了风险评估和风险控制。增加加强型 BSL-2 实验室,增加了脊椎动物实验室的生物安全设计原则、基本要求等,增加了无脊椎动物实验室生物安全的基本要求,增加了消毒与灭菌等。原农业部参照国际有关实验室生物安全要求,制定了《兽医实验室生物安全管理规范》,2003 年 10 月 15 日颁布施行。

2004 年,《实验室生物安全通用要求》(GB 19489—2004)颁布实施,2008 年 12 月 26 日,修订后的《实验室生物安全通用要求》(GB 19489—2008)颁布实施。该标准对实验室生物安全的硬件设施建设和管理要素等方面的要求进行了系统修订使标准更具有可操作性,它对实验室生物安全管理领域的研究与实践起到巨大的推动作用,也成为二级生物安全实验室管理的主要依据。此外,我国有关生物安全管理的标准和规范还包括《人间传染的病原微生物名录》《危险废物贮存污染控制标准》《消毒与灭菌效果的评价方法与标准》《生物安全实验室建筑技术规范》《消毒技术规范》《危险物品航空安全运输技术细则》《病原微生物实验室生物安全通用要求》《病原微生物实验室生物安全标识》《医疗机构消毒技术规范》、中华人民共和国建筑工业行业标准《生物安全柜》《医疗废物专用包装袋、容器和警示标志标准》等。

建设部 2004 年 8 月 3 日发布公告,《生物安全实验室建设技术规范》(GB 50346—2004)自 2004 年 9 月 1 日起开始实施,2011 年又组织了修订。

2019 年底,新型冠状病毒肺炎疫情发生后,国家卫生健康委发布了《新型冠状病毒肺炎诊疗方案》系列版本、《新型冠状病毒感染的肺炎实验室检测技术指南(第二版)》《新型冠状病毒实验室生物安全指南(第二版)》《新型冠状病毒肺炎防控方案》系列版本、《国家卫生健康委办公厅关于做好新型冠状病毒感染的肺炎疫情期间医疗机构医疗废物管理工作的通知》等有关文件,强调了确保实验室生物安全,防止医护人员感染,保障人民的身体健康的要求。

第三节 我国生物安全工作存在的问题与未来发展

实验室生物安全管理工作涉及的领域和学科非常广泛,包括建筑设计工程、防护设备材料、生物学、传染病、空气动力学、消毒灭菌技术、环境保护及物理学等。国际上对生物医学实验室的生物安全比较重视,特别是 2003 年发生 SARS 实验室感染事件后,各国对实验室生物安全防护的认识进一步提高,2019 年底暴发新冠肺炎疫情后更加显露出目前高等级生物安全实验室建设数量和质量还远远不能满足需求。

1. 实验室规划设计不适应　目前我国有生物安全三级实验室 46 家,二级生物安全实验室数量更多,浙江省有 2 家三级生物安全实验室,二级生物安全实验室近 3 000 家左右。此次新冠肺炎期间我省启动 130 家二级生物安全实验室开展新冠病毒核酸检测,目前我国在生物安全实验室的规划上应该根据防范重大生物安全疫情的需要重新进行规划设计,优化三级实验室和加强型二级生物安全实验室布局。此外,由于实验室是存在潜在生物危害风险的特殊场所,在规划、设计、选址、建设、验收、评估、管理运行等不同阶段都有专门的实验室标准体系,但现实情况是很多单位由于在早期设计规划等方面存在技术性问题,导致实验室在场地设计、采暖通风设计、空气过滤、废物转运等方面不符合国家实验室安全规定标准而存在安全隐患。除此以外某些实验室还存在工作区与生活区、污染区和清洁区交叉、缺乏必要的消毒灭菌工具等问题。

2. 管理规范化水平有待提高　目前我国尚未建立一套系统性、实用性的生物安全管理规范,虽然于 2004 年出台了《病原微生物实验室生物安全管理条例》,由相关行业部门也出台了菌(毒)种或样本运输、废弃物管理、高致病性病原微生物实验活动审批等规范,但只有针对具体实验活动的管理,缺乏生物安全实验室整体水平的管理和评价。由于缺少一套系统性、操作性、实用性的专项生物安全管理规范做协调,因此各部门在执法监管中协同配合较差,容易造成重复管理或管理空白。另外,实验室管理涉及单位的多个部门,各个单位也没有一套统一、规范的管理系统,导致管理实验室存在不积极配合、工作落实不到位等情况。再者,我国尚未制定生物风险评估的国家标准或行业标准,未组建有资质的专业机构指导生物风险评估体系的建立和运行。因此,目前我国的各类生物风险评估均有很大的随意性,评估水平参差不齐,不能有效地作为制定和实施生物安全防控措施的依据和保障,这也是当前我国生物安全管理的一大漏洞和薄弱环节。

3. 生物安全技术推广和人才培养有待加强 随着生物技术在医药、农业、食品等领域产业化进程的迅速发展,生物安全问题也日益凸显。由于生物安全问题在其他行业的宣传和推广不到位,一些团体和个人组织的反生物技术时有发生,很不利于生物技术的健康发展,更不利于生物安全管理。我国的生物技术发展迅速,生物安全管理滞后于生物技术的发展,表现在从社会到各级领导部门、从公众甚至到科研人员的生物安全意识都比较差。各个部门也应当根据其部门生物技术的特点制定部门的生物安全技术条例,应当通过媒体向广大群众宣传、普及生物安全知识,让群众成为生物安全管理的知情者。主管部门要努力协调与生物技术安全有关各部门的工作,使管理部门的工作更加有效。

美国在 2015 年的《生物安全改革备忘录中》已明确将生物安全设定为一门学科,并制订了详细的建设方案和目标。相比之下,我国生物安全的专业化及普及度较低,目前虽已在湖南农业大学、西南大学等 5 所高校开设了生物安全专业,但国家尚未将生物安全纳入学科建设规划中。因此,生物安全知识体系不健全,专业人才奇缺,专业术语缺少标准化,没有具备资质的培训机构,培训对象范围狭窄,多集中于专业操作人员,而忽略了管理者和其他支撑人员。

综上所述,风险是绝对的,安全是相对的,必须要时刻高度重视实验室生物安全风险,必须以对自己、对他人和对社会高度负责的态度,抓好实验室生物安全管理工作。

未来我国实验室生物安全的发展重点,首先,加快制定生物安全产品技术标准,推广应用具有自主知识产权的生物安全实验室技术和产品;其次,跟踪国外最新技术发展动态,及时更新我国的防护技术和产品标准;最后,应尽快与国际接轨,建立通用的技术和评价体系;第四,打破各部门间的壁垒,实行由业务主管部门统一认可、授权和常态化监督管理的模式。并充分借助互联网 + 技术,搭建实验室生物安全信息化管理和智慧化管理平台,为实现智能化、规范化和便捷化的管理体系。

规范化管理在生物安全管理工作中极为重要,是关键,是底线,也是生命线。因此,在日常管理中应把规范化建设作为基本要求,作为重点。通过规范化管理,不仅可以提升管理效率,更能避免管理的随意性和主观性。

第二章

管理体系建设

管理体系一般而言由组织结构、程序、过程和资源四部分组成,其作用是维护实验室的活动符合安全管理的规定,并可自我发现问题、纠正、改进和提高,实现组织机构实验室生物安全发展的方针和管理目标,以持续满足实验室生物安全管理的需求。因此实验室管理体系应强调其系统性、全面性、有效性及适应性,也就是说管理体系应覆盖生物安全管理活动的全部要素,各要素之间相互联系,能有效协调。根据国家相关法律法规、相关标准及生物安全管理规定,对基本要素与重点要素的管理与控制做到统筹兼顾,全面覆盖,管理体系运行处于有效可控状态,实现减少、消除和预防与控制相关风险的目的,并经常对管理体系进行修订完善,以适应内外部环境变化及生物安全管理新要求。

因此,在实验室管理体系建设过程中特别强调其系统性、全局性、协调性及有效性。同时要充分考虑其各要素间的衔接与统一。

体系建设一般包括组织结构设置、体系文件的编制以及管理方针和管理目标的确定等。

第一节 组织构架设置和管理体系建设

一、概述

合理、有效的组织构架(组织机构)和完善的管理体系,是生物安全实验室设立单位确保生物安全正常运行的首要条件和必备条件。组织构架和管理体系应明确管理人员、各类技术人员和其他辅助人员的职、责、权和相互关系,并要求各类人员按照管理体系要求规范开展各项工作,确保检验检测结果准确,确保生物安全各项措施得到有效落实。

二、管理要求

1. 实验室或其母体组织应有明确的法律地位和从事相关实验活动的资格。

2. 实验室设立单位应按照国家有关要求设立健全完善的组织管理架构,明确管理职责。

3. 实验室设立单位应指定关键职位代理人,包括生物安全负责人、负责技术运作的技术管理层、每项实验活动的项目负责人、安全监督员等。

4. 实验室设立单位应指定负责实验室生物安全管理的职能部门,负责实验室生物安全日常监督管理。

5. 实验室设立单位应明确不同层级人员的岗位职责,如法人代表、生物安全负责人、实验室负责人及生物安全监督员、实验人员等岗位职责。

6. 实验室设立单位应成立生物安全委员会负责实验室生物安全的决策、咨询、指导和评估、监督等。

7. 实验室设立单位应由管理部门牵头组织编制生物安全管理体系文件,包括生物安全管理手册、程序文件、标准操作规程(standard operating procedures,SOP)及记录表格和其他技术文件如安全手册、风险评估报告、安全数据单(material safety data sheet,MSDS)、应急预案等。

8. 在生物安全管理手册中应明确生物安全管理方针和目标,明确部门职责和岗位职责。

9. 实验室管理层负责生物安全管理体系的设计、实施、维持和持续改进。

10. 应制定确保机密信息安全的程序和要求。

11. 应有措施指导所有相关人员使用和应用与其相关的生物安全管理体系文件及其要求,并评估其理解和运用的能力。

第二节　体系文件编制

一、概述

实验室生物安全管理体系文件一般包含管理手册、程序文件、作业指导书及记录表格四个层次的文件,另外,根据生物安全管理的特殊要求还需要有诸如安全手册、安全数据单及风险评估报告等技术性文件。

文件编制过程中务必要关注各种不同层次文件的互相关系与衔接,以保持执行过程中能流畅、高效,避免相互间存在有冲突等不利于体系运行的事宜。

管理体系文件应符合唯一、统一、持续有效等要求,应由相关管理部门和业务部门一同参与制定。

二、管理要求

1. 实验室设立单位应建立和编制单位层面的生物安全管理体系文件。

2. 生物安全管理体系文件应以国家法律、法规、规范以及权威机构发布的标准和指南等为依据,制定生物安全管理以及实现生物安全管理方针及目标所需的组织结构、程序、过程和资源。

3. 生物安全管理体系文件应由涉及生物安全相关的所有部门共同编制完成。

4. 生物安全管理体系文件应结合实验室自身特点和实际情况编制,应与实验室规模以及实验室活动的复杂程度和风险相适应。

5. 生物安全管理体系文件的架构一般由生物安全管理手册、程序文件、作业指导书以及各种记录和表格四个层次组成。

(1) 管理手册是对实验室生物安全运行和管理提出原则性要求的纲领性文件。

1) 管理手册应对组织结构进行描述,对各类人员、部门的职责权限进行明确。

2) 要素和内容应覆盖《病原微生物实验室生物安全管理条例》、《实验室生物安全通用要求》(GB 19489—2008)和《病原微生物实验室生物安全通用准则》(WS 233—2017)等法律法规、标准及技术规范的要求。

3) 在安全管理手册中应明确实验室安全管理的方针和目标。安全管理的方针应简明扼要,至少包括:实验室遵守国家以及地方相关法规和标准的承诺;实验室遵守良好职业规范、安全管理体系的承诺;实验室安全管理的宗旨。

(2) 程序文件是根据安全管理手册的要求,为达到既定的安全方针、目标而制定的程序和对策。程序文件应明确具体责任科所、责任人、责任范围与要求、工作流程、人员能力要求、科所之间的关系、应用的文件。工作流程必须清晰,职责能得到落实。

(3) 作业指导书和标准操作规程(SOP)是围绕管理手册和程序文件的要求,为有效地实施某一管理和实验活动中的某项具体工作所拟定的标准和详细的书面规程及流程。包括实验活动的实验方法操作、设施与设备使用和维护、实验室消毒、个体防护装备使用、废弃物处理、安全作业等。

(4) 安全手册是以生物安全管理体系文件为依据,要求员工能快速阅读,并在工作区有随时可用的有关安全方面指导性的作业指导书。

(5) 记录是指阐明所取得的结果或提供所完成的活动的证据文件,可供识别、分析和追溯。大量的质量管理记录和技术记录是以表格的形式表述,同时也包含图片、视频、录音等记录形式。

6. 生物安全管理体系文件应经实验室设立单位的法定代表人批准后发布实施。

7. 工作人员应熟悉生物安全管理体系文件要求,确保相关人员遵照执行并加以记录,确保生物安全管理活动的可追溯性,确保生物安全管理体系的有效运行。

8. 生物安全管理体系文件应在实际运行中不断修订完善,确保生物安全管理体系文件的持续适用性和可操作性。

第三节　实验活动风险评估和风险控制

一、概述

实验活动风险评估是整个实验室生物安全管理的核心环节,十分重要和关键,因为,每一项管理措施和规定,采取的每一项风险控制措施都应该是建立在风险评估的基础上的,应防止凭经验、主观臆想等,避免带来安全风险。

风险评估强调事前评估,主动识别风险,关注未知风险,防止风险叠加效应。风险评估是一个全面的风险识别过程,包括人员、设施设备、危险材料、病原微生物本身及管理等多方面。

风险控制应采取科学合理的策略,目的是将风险控制在一个合理可接受的范围内,杜绝发生不可接受的安全事故。

因此,做好实验活动风险评估是一项极为重要的工作,应高度重视,把评估工作做细做深,尤其要结合单位自身实际情况,不得照搬照抄,以免带来不可控的安全风险。

二、管理要求

1. 实验室设立单位应制定实验活动风险评估管理程序。

2. 实验室设立单位应按照国家相关规定、标准要求组织实验室开展实验活动风险评估。

3. 风险评估应以国家法律、法规、标准、规范,以及权威机构发布的指南、数据等为依据。

4. 风险评估应覆盖全部相关实验活动。

5. 应定期开展实验活动风险评估。

6. 风险评估应结合实验室自身特点和实际情况。

7. 风险评估应由实验室及相关部门不同专业的技术人员、管理人员共同完成(不仅限于本单位人员)。

8. 风险评估应在开展实验活动前进行。

9. 风险评估内容应符合《实验室 生物安全通用要求》(GB 19489—2008)和《病原微生物实验室生物安全通用准则》(WS 233—2017)的相关要求。

10. 风险评估报告应注明评估人员姓名及具体评估日期。

11. 风险评估应形成书面报告,并经实验室管理层审核,所在单位法人代表批准后实施。

12. 风险评估应形成完整的过程性记录。

13. 实验活动应严格按照风险评估报告中的风险控制措施控制风险。

第四节　文件管理

一、概述

涉及生物安全的文件除了相关法律法规、技术规范和标准等外来文件之外,还包括单位内部制定的生物安全管理手册、程序文件、作业指导书等内部文件。内部文件和外部文件都属于生物安全管理体系文件,是生物安全管理和开展各项实验活动的依据,必须进行规范化管理,即受控管理。应确保有关部门和工作人员均能及时获得现行有效版本的文件。

二、管理要求

1. 实验室设立单位应建立文件控制程序,明确各类文件的标识(编号)、收集、编制、审核、批准、发布、受控发放、回收、定期审查、有效性跟踪、更新、废止和销毁等具体要求,包括规定如何更改和控制保存在计算机系统中的文件。

2. 应明确文件管理部门并指定文件管理人员。管理体系的所有文件在发布实施前应经过授权人员的审核与批准。

3. 文件管理人员应编制受控文件一览表,对所有受控文件进行唯一性编号,便于后续的发放、回收等。

4. 对外来文件应进行有效性跟踪,及时撤掉、回收无效或已废止的文件。

5. 对内部文件应至少一年一次定期组织适用性的评审。内部文件应包括标题、文件编号、版本号、修订号、页数、生效日期、编制人、审核人、批准人以及参考文献或编制依据。如果允许在换版之前对文件进行手写修改,应规定修改程序和权限。修改之处应有清晰的标注、签署并注明日期。被修改的文件应按程序及时发布并发放给相关部门和人员。

6. 应将受控文件备份存档,并规定其保存期限。文件可以用任何适当的媒介保存,包括硬拷贝、电子媒体或者数字的、模拟的、摄影的形式,不限定为纸张。

7. 对需要保留或归档的作废文件,应清晰标注,防止误用。

第五节　保　密　管　理

一、概述

保密工作是维护国家、单位、个人安全和利益的重要基础。为保障国家秘密安全,本单位业务工作中产生的各类涉密事项或敏感信息、上级单位下发的各类密件和密品、其他业务部门渗透在本单位各项工作中的涉密信息、客户信息、个人和患者隐私等受到保护,实验室设立单位和工作人员必须牢固树立保密工作意识和法制观念,切实履行保密职责和保密义务。

二、管理要求

1. 实验室设立单位应建立健全保密管理制度,完善保密防护措施,利用多种媒体宣传保密知识,防止国家机密、技术秘密、疫情数据或敏感信息、商业机密、其他个人隐私等泄露。

2. 应按照《中华人民共和国保守国家秘密法》《中华人民共和国保守国家秘密法实施条例》《卫生工作国家秘密范围的规定》等相关法律法规要求,结合单位实际工作和性质,明确保密范围和对象,约定保密期限,确保工作人员知晓保密责任和义务。

3. 实验室应确保病原微生物菌(毒)种和生物样本及检验结果资料安全存放,防止丢失,未经授权不得使用与查看。

4. 为保护客户和患者的信息、个人隐私和机密信息不被泄露,实验室对检验结果和其他信息应严格保密,未经授权不得公开,避免将有严重隐含意义的结果直接交给患者。

5. 与客户或患者识别性资料分离后的实验室检验结果可用于诸如疾病控制、流行病学、人口统计学或其他统计学分析,但是数据结果需经过单位管理部门审批后,方可对外发表或公布,不得私自发布。

6. 因控制突发公共卫生事件或者传染病疫情等需要保密的或者暂时不便公开的信息,不得对外发布,以免造成恐慌或者产生其他不良社会影响。

7. 应加强对计算机及其网络的安全保密管理。按照保密部门的要求,认真落实技术防范措施;公共信息网不得存储、处理、传输和发布涉密信息或内部文件资料;认真落实计算机及其网络安全保密管理的审批、许可制度等。

8. 对一些涉及国家安全和秘密的工作电脑应和互联网进行物理隔绝,防止相关信息泄露。

9. 单位和有关部门应加强对各类涉密载体的监督管理。定期、不定期进行保密工作检查,不断强化意识,加强防范能力,发现问题及时纠正或改进。

10. 相关人员一旦泄密,领导层应组织调查泄密原因,应尽早采取措施挽回损失或避免扩大影响。根据造成的影响和后果,按照规定处理;若违反法律法规的,依法处置。

第三章

体系运行管理

实验室生物安全管理是指保护工作人员避免接触危险生物因子,保护公众健康和生存环境不受污染,同时不改变试验对象原有本性所采取的综合措施。实验室生物安全管理包括管理体系建立与运行、实验室硬件(设施设备)建设、人员管理、危险材料管理、实验活动管理及应急处置等。

涉及与病原微生物菌(毒)种和样本有关的研究、教学、检测、诊断等活动的实验室设立单位应组建生物安全管理委员会,建立生物安全管理体系。不同级别的生物安全实验室必须按要求配备相应的硬件设施,对实验室工作人员和有关人员进行生物安全防护知识和专业技能培训,包括应急预案培训等。通过建立和运行生物安全管理体系,不断规范工作人员行为,提高生物安全管理水平。

第一节 人 员 管 理

一、概述

工作人员的数量、行为规范和专业素质不但关系到实验活动检验结果的质量,同时与实验室是否发生病原微生物感染和职业暴露等生物安全事件密切相关。实验室设立单位应配备足够数量和质量的检验人员和管理人员,并对所有工作人员进行有目的、有计划的教育、培训和监督,确保工作人员理解自己工作的重要性和相关性,履行建立、实施、保持和持续改进管理体系的职责。通过对工作人员的规范化管理,保证检验工作质量和生物安全,最终实现管理体系的目标。

二、管理要求

(一) 制定人员管理程序

1. 实验室设立单位应建立人员管理程序,明确不同层级或岗位人员的职责,指定专人(生物安全负责人或其他安全管理人员)负责实验室安全相关的管理工作。

2. 实验室管理人员和工作人员应熟悉生物安全相关政策、法律、法规和技术规范,有适合的教育背景、工作经历,经过专业培训,能胜任所承担的工作;实验室管理人员还应具有评价、纠正和处置违反安全规定行为的能力。

3. 实验室管理层应根据实验室工作性质和工作量配备足够数量和质量的工作人员。

4. 应建立工作人员准入及上岗考核制度,所有与实验活动相关的人员均应经过培训、考核合格后取得相应的上岗资质;动物实验人员应持有有效实验动物上岗证及所从事动物实验操作专业培训证明。

5. 实验室或者实验室的设立单位应每年定期对相关人员进行培训(包括岗前培训和在岗培训),并对培训效果进行评估。从事高致病性病原微生物实验活动的人员应每半年进行一次培训,并记录培训及考核情况。

6. 应建立实验室人员(包括实验、管理和维保人员)的技术档案、健康档案和培训档案,定期评估实验室人员承担相应工作任务的能力;临时参与实验活动的外单位人员应有相应记录。

(二) 实验人员管理

1. 实验室管理层应加强实验人员管理,确保符合《病原微生物实验室生物安全管理条例》《实验室生物安全通用要求》(GB 19489—2008)等规定的基本要求。实验室应定期评估实验人员能力,确保能胜任工作岗位的要求。

2. 实验室负责人可根据实验室工作性质和实际情况设置不同的安全管理人员,安全管理人员协助部门负责人做好实验室日常安全管理工作。

3. 实验室应有足够的人力资源承担指派的工作,包括管理体系涉及的工作要求和生物安全管理要求。

4. 实验人员的工作量和工作时间安排不应影响实验室活动的质量和员工的健康,符合国家法规要求。

5. 实验室应保证工作人员充分认识和理解所从事实验活动的风险,必要时,应签署知情同意书。

6. 实验室工作人员应在身体状况良好的情况下进入实验区工作。若出现疾病、疲劳或其他不宜进行实验活动的情况,不应进入实验区。

7. 实验室培训计划应包括(不限于)上岗培训和持续培训,包括对长期离岗或下岗人员的再上岗培训、实验室管理体系培训、安全知识及技能培训、实验室设施设备（包括个体防护装备）的安全使用、应急措施与现场救治、定期培训与继续教育等。

8. 实验室或者实验室的设立单位应当对新上岗工作人员进行岗位培训，保证其掌握实验室技术规范、操作规程、生物安全防护知识和实际操作技能，并进行考核。工作人员经考核合格的，方可上岗。

9. 如果实验室聘用临时工作人员，应确保其有能力胜任所承担的工作，了解并遵守实验室生物安全管理体系的要求。

10. 实验室应建立全体工作人员个人业务技术档案。

11. 实验室应建立人员健康档案，做好预防接种和健康监护及健康体检等工作，及时掌握工作人员健康状况。

(三) 外来人员管理

外来人员一般是指实习、进修、科研合作等临时进入实验室工作的人员。由于对他们的技术能力和生物安全操作技术不是很清楚，他们对实验室设立单位管理要求以及实验室环境等情况也不熟悉，存在较大的安全风险，应作为重点人群进行管理。

1. 外来人员进入实验室，应对他们进行岗前培训，包括相关的生物安全和操作技术的培训并考试。考试不合格者，不得进入实验室开展实验活动；考试合格的，也应指定人员带教或对他们进行监督，确保他们规范开展各项工作。

2. 外来人员应遵守实验室管理制度，不得在实验区域内办公、学习、饮食、吸烟、会客等与实验无关的活动；不得在客梯内穿着白大褂、戴手套，不得用戴手套的手触摸电梯按钮等公共区域的物品表面。

3. 外来人员进入实验区域自觉做好个人防护。应在允许的实验功能区域开展实验活动。

4. 严格按照检验检测工作程序操作，遵守仪器设备操作规程。

5. 未经允许不得独自开展涉及有毒有害、易燃易爆、放射性以及特种设备等实验室操作，熟悉实验室操作流程中注意点和风险点，熟悉菌（毒）种管理制度和使用要求。

6. 应从污物通道（污物电梯）运输实验废弃物、污物，不得擅自随意排放、丢弃未经处理的有毒有害废气、废液和实验废弃物。

7. 上下楼层运送实验样本或试剂应通过货物电梯运送并将容器盖子盖紧并放入专用转运箱内，注意防止溢洒。

8. 非工作时间，原则上不得单独开展实验室操作活动。

(四) 培训和培训效果的评价

1. 实验室应加强实验人员、辅助人员和后勤保障人员的安全意识，不断提高他们的专业技术能力、实验操作水平和综合素质,确保实验室安全运行。

2. 生物安全负责人应组织与实验活动有关的所有人员进行与其岗位相适应的安全教育和培训。

3. 应组织制订年度培训计划,明确本年度的培训内容、培训时间、培训对象、培训教师和培训教材等。

4. 应开展专业技术和程序文件、作业指导书等管理体系的培训,确保应知应会。

5. 实验人员和相关人员应熟悉生物安全法律、法规,保证掌握开展岗位工作必需的生物安全知识和技术。

6. 实验人员应定期开展生物安全知识培训学习,掌握与本岗位相关的所有生物安全内容,熟练掌握正确的预防和应急处理措施。每年至少接受一次生物安全、专业技术培训和参加一次现场演练的培训。

7. 应对培训人员进行考核,考核可采用现场模拟操作、书面测试和提问等多种方式,考核合格后方可上岗。

8. 每年应对上一年度培训计划、培训内容、执行情况及培训效果进行评估。评估认为不适合实验室生物安全及业务工作需要的,应及时调整培训项目及计划,确保培训工作符合实际需求,确保培训有效,即达到预定的目标和要求。

9. 所有与培训有关的记录应做好归档和保管。

(五)能力评价

1. 实验室管理人员应规范实验室人员培训和考核制度,保证工作人员知识、技能满足生物安全和工作岗位以及业务发展的需要。

2. 员工能力评价要求除了专业技能之外,还应该包括生物安全相关法律法规、生物安全知识及管理体系等内容。

3. 实验室能力评价方式应包括理论考核和实践操作等。实验人员在接受相关内容培训之后应进行能力考评,每年至少一次,由组织培训的人员或考评人员决定最合适的培训与考评方式。

4. 当发现实验人员工作能力达不到要求,则必须对员工进行再培训和考评,直到符合要求,否则应调离岗位。应保留再培训和再评估的记录。

5. 特殊岗位应符合相关要求,例如从事微生物检验的员工应没有色盲症,检验人员上岗前应进行一次专业的色盲评估。评估记录也应归入员工个人档案中。

(六)准入和考核

1. 所有实验室检验人员均应参加生物安全岗前培训,考核合格取得生物安全岗位合格才能获得实验室的准入资格。

2. 所有实验室检验人员均应熟悉生物安全相关法律法规、标准和技术规范,能严格执行作业指导书和标准操作规范。

3. 所有实验室检验人员应通过实验室通用知识和专业技术培训,并经考核合格。

4. 所有实验室人员均应定期参加生物安全培训,掌握实验室安全原理、生物安全操作和防护技能,熟悉应急处置措施,考核合格。

5. 实验室人员均应熟悉、掌握实验室装备、技术参数和操作规范。

6. 实验室人员应签订知情同意书,并进行必要的免疫接种。

7. 外来人员不经许可不得进入实验工作区。外来人员(访问人员、进修生)、研究生、课题合作者必须经过培训,考核合格并按照规定审批程序批准后方可进入实验室工作。

(七) 健康管理

健康管理主要包括建立个人健康档案、定期开展健康体检及免疫预防和健康监护等。

1. 为确保全体实验室工作人员(包括实验辅助人员)的健康与安全,实验室管理层应对全体实验室人员进行健康监护。

2. 实验室管理层应组织建立健康监护档案,落实实验室人员健康体检、免疫接种等工作。

3. 实验室负责人应明确实验室工作人员健康监护和体检项目、免疫接种和定点救治医院等具体要求,便于管理部门执行和落实。

4. 实验室工作人员当出现与从事的病原微生物相关的临床症状、体征或者疾病时,应及时填写人员健康异常情况登记表,并主动向实验室负责人报告。

5. 实验室工作人员应到规定的体检定点医院进行年度常规项目的健康检查和必要的其他特殊(职业暴露有关)项目的检查。

6. 实验室人员根据从事实验活动的情况,定期留存必要的本底血清标本。

7. 实验室人员的健康档案包括但不限于岗位风险说明及知情同意书、本底血清样本或特定病原的免疫功能相关记录、预防免疫记录(适用时)、健康体检报告、职业感染和职业禁忌证等资料、与实验室安全相关的意外事件、事故报告等。

第二节　年度安全计划管理

一、概述

年度安全计划是对实验室设立单位全年生物安全管理工作的部署与安

排。计划应在年初制订并尽可能详细,便于各个部门之间尽早协调、沟通和安排,使生物安全管理各项工作有序地开展和落实。

二、管理要求

1. 实验室设立单位应制订生物安全管理年度计划管理程序。

2. 单位年度安全计划应有明确的目标、职责分工、工作要求,具体的措施和实施时间及考核指标,并注重部门之间的协调和沟通。

3. 年度计划应包括(但不限于)年度工作安排及任务说明,安全与健康管理目标,风险评估计划,生物安全管理体系文件的制定、修订与定期评审计划,人员培训计划,实验室活动计划,设备设施更新、校准和维护计划,生物安全应急演练计划(包括泄漏处理、人员意外伤害、设施设备不能正常运行、消防等),监督检查计划,人员健康监护与免疫接种计划,管理评审与内部审核计划,生物安全委员会相关的活动计划等。

4. 单位生物安全负责人负责组织制订单位年度安全计划,实验室负责人制订本部门安全计划。

5. 计划应经实验室管理层审批和发布后,相关部门和工作人员应加以执行与落实,并保留相关记录。

6. 生物安全委员会、生物安全管理责任部门或生物安全监督员各司其职,对年度计划执行情况进行跟踪监督,确保计划在规定的时间内完成。

第三节　安全监督检查

一、概述

监督检查是生物安全管理的重要环节和手段,通过监督检查促使年度安全计划、管理体系规定的要求和其他临时性的工作任务能有效落实和执行,确保各项工作有序、保质保量地完成,并及时发现存在的问题或安全隐患,做到早发现、早预防、早改进,防患于未然。

二、管理要求

1. 生物安全委员会、单位管理层、生物安全管理部门和生物安全监督员应根据规定的职责和要求,负责组织、实施安全监督检查工作。每年至少应系统性地检查一次,根据风险评估结果对关键环节和重要部门应适当增加检查频率。

2. 监督检查的内容包括(但不限于)病原微生物菌(毒)种和样本操作的

规范性及保管的安全性、设施设备的功能和状态、报警系统的功能和状态、应急装备的功能及状态、消防装备的功能及状态、危险物品的使用及安全存放、废物处理及处置的安全、人员能力及健康状态、年度安全计划的实施、实验室活动的运行状态、规范操作以及不符合工作的改进、所需资源是否满足工作要求等。

3. 生物安全委员会或生物安全管理责任部门在实施监督检查前应编制适用于不同部门的核查表,便于系统或重点的检查和记录。

4. 实验室负责人应建立日常监督检查和定期自查制度,应将高致病性病原微生物菌(毒)种和样本的操作、菌(毒)种及样本保管、工作人员行为规范、废物处理、风险控制措施的有效性等作为检查的重点。

5. 当实验室自查和监督检查中发现不符合规定的工作时,应立即查找原因并评估后果,必要时停止检测工作。对发现的不符合项应及时采取纠正或纠正措施,验证纠正措施执行情况,避免发生重复性的错误,确保所发现的问题和隐患得到有效解决。

6. 单位外部的评审和检查活动不能代替自我安全检查。

第四节   菌(毒)种和生物样本管理

一、概述

菌(毒)种和生物样本是国家重要的生物资源,也是保障生物安全和国家经济安全与稳定的重要战略资源。采集、携带、运输、保存和使用必须符合我国公众健康、国家安全和社会公共利益,严格按照《中华人民共和国传染病防治法》《病原微生物实验室生物安全管理条例》《可感染人类的高致病性病原微生物菌(毒)种或样本运输的管理规定》《人间传染的病原微生物名录》《动物病原微生物分类名录》《中华人民共和国人类遗传资源管理条例》《实验室生物安全通用要求》(GB 19489—2008)、《病原微生物实验室生物安全通用准则》(WS 233—2017)等相关法律、法规和国家标准、行业标准的规定执行。

二、管理要求

(一) 样本采集

1. 生物样本的采集应满足检验检测目的和要求,按照规定的技术方法采集样本种类和数量。

2. 生物样本采集应具有与采集病原微生物样本所需要的生物安全防护水平相适应的设备;具有有效地防止病原微生物扩散和感染的措施;具有保证

病原微生物样本质量的技术方法和手段。

3. 采集样本的人员应掌握相关专业知识和操作技能,经过专业培训,获得相关资质和能力。

4. 采集高致病性病原微生物样本的工作人员在采集过程中应当防止病原微生物扩散和感染,并对样本的来源、采集过程和方法等作详细记录。

5. 采集生物样本时应根据风险评估结果,做好个人防护,包括戴手套、眼镜(安全镜、护目镜)、口罩(医用口罩、N95口罩、面罩、呼吸面罩、防毒面具)、帽子,穿防护衣(实验服、隔离衣、连体衣、围裙)、鞋套、听力保护器等。

6. 采集的样本应规范包装,确保严密不渗漏。

7. 不能将带针头的注射器直接送检,其内容物应移至无菌管内或用保护性装置(曲针头),重新盖上盖并置于密封、防漏的塑料袋内。用过的针头应直接丢在利器盒单独保存并按规定销毁。

8. 不能将泄漏的样本及容器运至实验室进行检测,如果一定要检测,应通知相关人员说明泄漏情况并记录,应评估标本检测可能对结果带来的偏差。对泄漏标本及容器及时进行高压灭菌后再进行后续处理。

9. 开展科研项目涉及样本采集的,应按照规定通过伦理审查并获得知情同意。

(二)菌(毒)种和生物样本使用管理

1. 实验室从事实验活动,使用我国境内未曾发现的高致病性病原微生物菌(毒)种或样本和已经消灭的病原微生物菌(毒)种或样本、《人间传染的病原微生物名录》规定的第一类病原微生物菌(毒)种或样本、原卫生部规定的其他菌(毒)种或样本,应当经国家卫生健康委批准;使用其他高致病性菌(毒)种或样本,应当经省级人民政府卫生行政部门批准;使用第三、四类菌(毒)种或样本,应当经实验室所在法人机构批准。

2. 实验室设立单位应有完善的菌(毒)种和生物样本的管理程序,并应接受生物安全管理部门的监督。

3. 需要使用菌(毒)种和生物样本时,应按照规定的程序进行申请和审批,并做好交接记录,便于追溯。

4. 菌(毒)种和生物样本检测和使用应在具备相应生物安全等级的实验室中进行操作。具体按照《人间传染的病原微生物名录》执行。

5. 菌(毒)种和生物样本在使用(分离、培养等检验检测的每个环节)过程中应注意安全保藏,防止丢失、泄漏和被恶意使用等。

6. 涉及菌(毒)种和生物样本的检验原始记录应包括检验人员、复核人、实验日期等必要的记录,便于溯源。实验室负责人对记录内容应进行核查。

7. 涉及菌(毒)种和生物样本的实验废弃物应使用专用包装物、容器,并有明显的警示标识和警示说明。

8. 在实验活动结束后,应在规定期限内及时将病原微生物菌(毒)种和样本就地销毁或者送交保藏机构保管。

(三)菌(毒)种和生物样本的保藏管理

1. 菌(毒)种保藏机构分为菌(毒)种保藏中心和保藏专业实验室,承担集中储存病原微生物菌(毒)种和样本的任务。具体要求按照《人间传染的病原微生物菌(毒)种保藏机构管理办法》执行。

2. 菌(毒)种是指可培养的,人间传染的真菌、放线菌、细菌、立克次体、螺旋体、支原体、衣原体、病毒等具有保存价值的,经过保藏机构鉴定、分类并给予固定编号的微生物。

3. 病原微生物样本是指含有病原微生物的、具有保存价值的人和动物体液、组织、排泄物等物质,以及食物和环境样本等。

4. 可导致人类传染病的寄生虫不同感染时期的虫体、虫卵或样本也按照《人间传染的病原微生物菌(毒)种保藏机构管理办法》进行管理。

5. 编码产物或其衍生物对人体有直接或潜在危害的基因(或其片段)参照《人间传染的病原微生物菌(毒)种保藏机构管理办法》进行管理。

6. 菌(毒)种的分类按照《人间传染的病原微生物名录》的规定执行。

7. 菌(毒)种或样本的保藏是指保藏机构依法以适当的方式收集、检定、编目、储存菌(毒)种或样本,维持其活性和生物学特性,并向合法从事病原微生物相关实验活动的单位提供菌(毒)种或样本的活动。

8. 保藏机构以外的机构和个人不得擅自保藏菌(毒)种或样本。

9. 各实验室应当将在研究、教学、检测、诊断、生产等实验活动中获得的有保存价值的各类菌(毒)株或样本送交保藏机构进行鉴定和保藏。保藏机构对送交的菌(毒)株或样本,应当予以登记,并出具接收证明。

10. 申请使用菌(毒)种或样本的实验室,应当向保藏机构提供从事病原微生物相关实验活动的批准或证明文件。保藏机构应当核查登记后无偿提供菌(毒)种或样本。

11. 非保藏机构实验室在从事病原微生物相关实验活动结束后,应当在6个月内将菌(毒)种或样本就地销毁或者送交保藏机构保藏。医疗卫生、出入境检验检疫、教学和科研机构按规定从事临床诊疗、疾病控制、检疫检验、教学和科研等工作,在确保安全的基础上,可以保管其工作中经常使用的菌(毒)种或样本,其保管的菌(毒)种或样本名单应当报当地卫生行政部门备案。但涉及高致病性病原微生物及行政部门有特殊管理规定的菌(毒)种除外。

(四)菌(毒)种和生物样本运输管理

1. 实验室设立单位应制定菌(毒)种和生物样本运输的规定和程序,包括在实验室传递、实验室所在机构内部转运及机构外部的运输,应符合国家和国际相关规定,并获得批准。

2. 实验室应确保具有运输资质和能力的人员负责菌(毒)种和生物样本运输。

3. 菌(毒)种和生物样本运输应以确保其属性、防止人员感染及环境污染的方式进行,并有可靠的安保措施。

4. 菌(毒)种和生物样本应置于被证实和批准的具有防渗漏、防溢洒的容器中运输。

5. 单位内部(不同实验室或不同工作区域)运输,最外层包装应该是满足容积(大小合适)、质量及使用要求的刚性外包装,可以是密封性能良好、加盖的、防摔的塑料罐(盒)或其他金属罐(盒)等专用箱,底部应有衬垫材料可将辅助包装安全固定在外包装中。样本信息单应放在辅助包装外面,最好单独装在塑料袋里面。最外层包装应有明确标识,包括生物危害标识、警告用语和提示用语,提醒样本接收和检测人员加强防护。转运者应穿一次性隔离衣,戴一次性工作帽、一次性外科口罩、一次性手套,期间保持转运箱平稳,标本直立不倒,避免剧烈震荡、颠簸,以免影响检验结果质量。

6. 机构外部(包括同一单位不同院区)的运输,应按照国家、国际规定及标准使用具有防渗漏、防溢洒、防水、防破损、防外泄、耐高温、耐高压的三层包装系统,并应有规范的生物危险标签、标识、警告用语和提示用语等。

7. 菌(毒)种和生物样本转运、运输应规定交接程序,交接记录至少包括其名称、性质、数量、交接时包装的状态、交接人、收发交接时间和地点等,确保运输过程可追溯。

8. 菌(毒)种和生物样本的包装以及开启,应当在符合生物安全规定的场所中进行。运输前后均应检查包装的完整性,并核对感染性及潜在感染性物质的数量。

9. 地面运送标本时注意将装有标本的箱子紧紧固定在交通工具上,车上最好备有吸水材料、消毒剂、手套、口罩、护目镜、密封防水的废弃物容器等防护用品。为避免路途颠簸引起标本溶血,可在运送前分离血清。

10. 承运单位应当与护送人共同采取措施,确保所运输的高致病性病原微生物菌(毒)种或者样本的安全,严防发生被盗、被抢、丢失、泄漏事件。

11. 高致病性病原微生物菌(毒)种或者样本的运输应当按照《可感染人类的高致病性病原微生物菌(毒)种或样本运输管理规定》和《人间传染的高致病性病原微生物实验室和实验活动生物安全审批管理办法》以及其他国家、国际有关规定进行审批、包装、标识和运输等。地面运输应有专人护送,护送人员不得少于2人。申请单位应当对护送人员进行相关的生物安全知识培训,并在护送过程中采取相应的防护措施。

12. 通过民用航空运输高致病性病原微生物菌(毒)种或者样本的,除规定审批外,包装应符合国际民航组织文件 Doc9284《危险品航空安全运输技术细则》的 PI650 分类包装要求;通过其他交通工具运输的可参照以上标准包装。

13. 有关单位或者个人不得通过公共电(汽)车和城市铁路运输病原微生物菌(毒)种或者样本。

14. 出入境按照原卫生部和国家质检总局《关于加强医用特殊物品出入境管理卫生检疫的通知》进行管理。

15. 实验室设立单位和承运单位应建立菌(毒)种和生物样本运输应急预案。运输过程中被盗、被抢、丢失、泄漏的,承运单位、护送人应当立即采取必要的处理和控制措施,并按规定向有关部门报告。

(五)菌(毒)种和生物样本销毁管理

1. 保存在菌(毒)种及生物标本库中的菌(毒)种,经鉴定,认为已经丧失使用和保存价值、不符合实验要求的菌(毒)种及生物样本,应经送委托保存的原单位或部门(科所)确认后才可以申请销毁。

2. 菌(毒)种保藏机构和实验室设立单位应建立销毁菌(毒)种及生物标本的管理程序。包括销毁要求、销毁审批、销毁方法(经过验证的方法)、销毁记录等要求。

3. 菌(毒)种及生物标本销毁前应做好审批工作,销毁时做好核对工作,并有相应的监督人员在场。

4. 应做好销毁记录,包括销毁方式、销毁物品明细、销毁方式(例如灭菌温度与时间)、销毁人员和监督人员等。

5. 用于菌(毒)种、生物样本以及培养物销毁的压力灭菌器应有灭菌效果的监测记录。

6. 用于处理菌(毒)种生物样本以及培养物泄漏的消毒制剂及其他物品应有可追溯购买时间、有效期等的记录或相关证据。

7. 菌(毒)种、生物样本销毁后应当作为医疗废物送交具有资质的医疗废物集中处置单位处置。

第五节　实验活动管理

一、概述

实验活动是生物安全管理的重点环节,也是最容易发生安全事故的环节,包括引起人员感染、病原微生物扩散、泄漏、被偷、被盗等。实验活动特别是高致病性病原微生物相关的实验活动应经过审批后依法开展,严禁从事国家明令禁止的实验活动和研究。实验活动应在符合相应防护等级的实验室中进行,实验人员应符合相应的准入条件,包括技术能力、生物安全防护技能和心理、身体素质等。实验活动操作应严格遵循规定的程序和管理要求执行。

二、管理要求

(一) 实验活动管理

1. 实验室的设立单位及其主管部门负责实验室日常活动的管理,承担建立健全实验活动管理程序、安全管理制度,检查、维护实验设施、设备以及控制实验室感染的职责。

2. 实验活动应在与其防护级别相适应的生物安全实验室内开展。具体按照《人间传染的病原微生物名录》执行。

3. 实验室负责人应该组织编制必要的、适合自己工作实际的实验活动作业指导书和操作规程,指定专人监督检查实验活动。

4. 实验室工作人员应当严格按照实验技术规范、作业指导书和操作规程进行,并做好个人防护。

5. 一级和二级生物安全实验室应当向设区的市级人民政府卫生主管部门备案;三级和四级生物安全实验室应当通过实验室国家认可,并向所在地的县(区)级人民政府环境保护主管部门和公安部门备案。

6. 三级、四级实验室,需要从事某种高致病性病原微生物或者疑似高致病性病原微生物实验活动的,应当依照国务院卫生主管部门或者兽医主管部门的规定报省级以上人民政府卫生主管部门或者兽医主管部门批准。实验活动结果以及工作情况应当向原批准部门报告。

实验室申报或者接受与高致病性病原微生物有关的科研项目,应当符合科研需要和生物安全要求,具有相应的生物安全防护水平。与动物间传染的高致病性病原微生物有关的科研项目,应当经国务院兽医主管部门同意;与人体健康有关的高致病性病原微生物科研项目,实验室应当将立项结果告知省级以上人民政府卫生主管部门。

7. 二级生物安全实验室从事高致病性病原微生物实验室活动除应满足《人间传染的病原微生物名录》对实验室防护级别的要求外,还应向省级卫生行政主管部门申请。

8. 实验室使用我国境内未曾发现的高致病性病原微生物菌(毒)种或样本和已经消灭的病原微生物菌(毒)种或样本、《人间传染的病原微生物名录》规定的第一类病原微生物菌(毒)种或样本、国家卫生健康委规定的其他菌(毒)

种或样本,应当经国家卫生健康委批准;使用其他高致病性菌(毒)种或样本,应当经省级人民政府卫生行政主管部门批准;使用第三、四类病原微生物菌(毒)种或样本,应当经实验室所在法人机构批准。

9. 从事高致病性病原微生物相关实验活动应当有 2 名以上的工作人员共同进行。从事高致病性病原微生物相关实验活动的实验室工作人员或者其他有关人员,应当经实验室负责人批准。

10. 在同一个实验室的同一个独立安全区域内,只能同时从事一种高致病性病原微生物的相关实验活动。

11. 开展新的实验研究或检验项目,实验室应经过生物安全风险评估,评估结果风险可控的才允许开展。

（二）实验活动风险评估

1. 根据《实验室生物安全通用要求》(GB 19489—2008)、《病原微生物实验室生物安全通用准则》(WS 233—2017)等的规定,实验室应建立并维持风险评估和风险控制程序,以持续进行风险识别、风险评估和实施必要的控制措施,将实验活动的风险控制在可以接受的水平,以确保人员健康和安全,确保实验环境安全。

2. 风险评估应以最新的生物安全相关的法律、法规、国家标准和行业标准、技术规范、行业权威(指南、数据)以及国际世卫组织等发布的技术资料等为依据。

3. 风险评估应结合实验室规模、具体的实验活动等进行评估,避免生搬硬套或不加分析地随意引用其他实验室的评估资料和结果。

4. 风险评估应由具有经验的不同领域的专业人员(不限于本机构内部的人员)进行。

5. 风险评估结果是确定实验室规模、设施与合理布局,正确选择实验室安全防护等级和个人防护设施、制定相应的操作程序与管理规程、采取相应的控制措施的依据。

6. 实验活动的风险评估,应该从实验活动涉及的各个方面进行全面评估,包括生物因子已知或未知的特征、实验室布局以及设施设备的风险、实验人员和相关人员的风险、实验方法的风险、危险材料的风险、管理体系的风险、意外事故(包括自然灾害)的风险等。

7. 风险评估包括风险识别、风险分析、风险评价三个基本步骤,目的是对识别的风险进行控制,确保安全。

8. 应该认真对待未知风险的控制,在从事各种实验活动时,对未知的实验材料应进行充分深入地分析,采取具有针对性的风险控制策略,甚至提高相应的风险控制措施等级以确保安全。

9. 风险在可控范围内的实验活动或研究项目才可以开展,风险不可控的不得开展。

10. 风险评估最后应形成风险评估报告,内容至少应包括实验活动(项目计划)简介、评估目的、评估依据、评估方法/程序、评估内容、评估结论或建议。

11. 风险评估报告应注明评估时间及编审人员。

12. 所有风险评估报告应经法定代表人批准,留档保存。

13. 应定期对风险评估文件进行修订和再评估。当相关政策、法律法规和标准发生变化,实验室或同类实验室发生感染事件、事故,开展新项目、变更实验活动(包括设施、设备、人员、活动范围、规程等)、操作超常规或从事特殊活动、实验活动中分离到原有评估报告中未涉及的病原微生物、病原微生物生物学特性(传染性或者传播方式)发生变化或防控策略发生变化、实验室改建或扩建前等,都应重新组织开展风险评估。

(三) 实验人员要求

1. 所有实验人员应具备医学、微生物等相关学科的专业背景,必须经过生物安全和其他相关安全培训,通过专业技术理论与实践操作考核以及准入审核,获得上岗证书后才准许上岗。

2. 实验人员应熟悉生物安全实验室运行的一般规则,能够正确地操作和使用检测仪器设备和生物安全设施设备。

3. 实验人员需要掌握实验涉及的各种感染性物质和其他危险物质操作的一般准则和技术要点,具有应急处置能力。

4. 获得资质的实验人员,应根据不同的实验活动涉及的生物危害因子,定期接受生物安全培训,不断强化安全意识,降低生物安全风险。

5. 实验人员严格遵守各项规定,按照管理体系和技术规范、操作规程要求开展各项工作。

6. 实验人员每年至少进行一次健康体检,接种必要的疫苗和其他健康监护。

(四) 实验操作规范

1. 在开展实验活动前,实验人员应充分了解实验活动所涉及的风险,掌握良好的实验操作技能,选择合适的个人防护装备。

2. 从事高致病性病原微生物相关实验活动应当有2名以上工作人员共同参加,同一个核心工作间只能同时从事一种高致病性病原微生物实验活动。

3. 针对不同等级的生物安全实验室建立相应的人员进出程序和实验物品进出程序,实验人员应熟悉进出程序并按照规定要求执行。

4. 实验活动和设备操作应严格按照标准操作规程或作业指导书执行。

5. 实验室应当建立实验档案,及时记录,并定期归档。对于高致病性病原微生物实验活动的实验档案保存期不得少于20年。

6. 实验室应制订安全监督计划,指定专门人员负责生物安全监督和实验质量监督。

7. 涉及病原微生物的风险操作,应该在生物安全柜内进行。将洁净物品及废弃污物分别放置在生物安全柜的不同区域,操作时在台面上宜铺垫浸有消毒液的垫巾。

8. 使用后的利器要放置于利器盒内,污物要放入医疗废物专用袋内并严密封口。

9. 实验结束后的利器盒、废物袋等应用消毒液对其表面进行消毒后才可拿出生物安全柜,并放入高压灭菌器内及时进行高压灭菌处理。

10. 实验结束后生物安全柜和其他实验台面需进行清场处理,对所有实验物品和台面进行物表消毒,对生物安全柜内表面应用消毒液进行擦拭消毒。

11. 实验室应制订各种针对性的应急预案和意外事故紧急处置程序,工作人员应熟悉和掌握,一旦发生意外,能采取相应措施进行有效处置和报告。

第六节　实验室内务管理

一、概述

生物安全实验室是进行病原微生物实验活动的重要场所,做好实验室内务工作是生物安全管理的基本内容。实验室应指定专人负责内务管理,应随时保持工作环境的整洁、有序和安全,防止病原微生物对实验环境的污染,避免对实验人员和其他人员造成伤害。

实验室应根据内务管理程序和感染控制的要求,对实验室和相关器材、设备、废物等进行规范的消毒,及时清除污染源,防止人员感染和交叉污染的发生。

二、管理要求

1. 实验室设立单位应建立内务管理程序,并在日常工作中落实执行,为实验活动的顺利进行创造良好条件和环境。

2. 实验室负责人应指定专人管理、监督内务工作,应定期评价实验室内务工作的质量。

3. 内务管理应包括实验室人员和物品出入控制规定,工作人员良好工作习惯和行为准则,实验室及实验室设备、工作台面的日常整理、清洁和消毒,实验室环境的去污染和消毒,清洁剂和消毒灭菌剂的选用,个人防护装备要求和使用,实验材料的管理以及水、火、电的使用安全等。

4. 实验室负责人应组织编制适合自己或不同实验室的内务规程,明确特殊内务管理要求,包括清洁剂和消毒灭菌剂的选择、配制、效期、使用方法、有效成分检测及消毒灭菌效果监测要求,日常清洁和清场消毒灭菌程序,对实验室设备和工作台面的消毒灭菌及清洁要求等。应评估和避免消毒灭菌剂本身的风险。内务规程还应说明实验室工作人员个人防护装备要求和使用方法等。

5. 实验室应指定专人使用经核准的方法和个体防护装备进行内务工作。不得混用不同风险区域的内务程序和装备。

6. 实验室内不得存放和实验无关的物品,任何时候不应在工作台面放置过多的实验耗材,应时刻保持工作区整洁有序。

7. 实验室工作人员应在被污染的区域和可能被污染的区域安全处置后,再进行实验活动和内务工作。

8. 实验室的内务规程、实验操作规程、工作习惯或材料的改变可能对内务人员和其他工作人员有潜在危险时,也应通知实验室负责人并书面告知内务管理负责人。

9. 一旦发生任何的生物样本、培养物等的溢洒和泄漏时,应启用应急处理程序。

第七节　内部审核管理

一、概述

通过定期开展内部审核,系统性地检查生物安全管理体系是否持续符合相关法律法规和技术规范等要求,验证生物安全管理体系是否有效运行。对内部审核中发现的不符合应及时纠正,为管理体系的改进提供依据。

二、管理要求

1. 实验室设立单位应制定生物安全内部审核程序,明确内部审核的范围、频次、方法、依据及所需要的文件等。

2. 实验室设立单位应每年定期开展生物安全管理体系内部审核,评估生物安全管理体系的符合性和有效性。正常情况下,应按不大于 12 个月的周期开展内部审核。

3. 应由单位生物安全负责人负责策划和组织内审员实施现场内部审核。

4. 内审员必须熟悉相关法律法规、技术规范和生物安全管理体系,掌握内审技巧,并经单位授权,独立于被审核的部门。

5. 内审员在现场内部审核活动实施之前应编制内审核查表。核查内容应涉及和覆盖到生物安全管理体系的所有管理活动和技术活动。

6. 内部审核应编制内部审核报告,内部审核报告应包括管理体系是否有效运行的结论、不符合项及完成时间等,并保留内审计划、内部审核检查表、不符合项的纠正或纠正措施等相关记录,作为实施审核以及做出审核结果的证据。

7. 对于内部审核中发现的不符合项,责任部门和相关人员应及时采取纠正或纠正措施。对所采取的纠正或纠正措施内审员必须跟踪验证实施情况及其有效性,并做好记录。

8. 应将内部审核总结报告作为管理评审的输入,提交管理评审。

第八节 管 理 评 审

一、概述

通过定期开展生物安全管理评审,评估生物安全管理体系的适宜性、充分性和有效性,确保实现生物安全管理方针和目标,确保管理体系做到持续改进。

二、管理要求

1. 实验室设立单位应制定生物安全管理评审程序,明确管理评审的流程、输入和输出内容。

2. 管理评审应由单位管理层策划和组织召开。正常情况下,应按不大于12个月的周期进行管理评审。管理评审一般以集中会议形式开展。

3. 参加管理评审的管理人员,按照管理职责应在管理评审会议前输入评审内容,至少包括以下内容:

(1) 与生物安全管理体系相关的内外因素的变化情况,包括国际、国家和地方相关规定和技术标准的更新与维持情况,工作量和工作类型的变化或实验室活动范围的变化等。

(2) 生物安全管理方针和目标实现情况。

(3) 管理体系的更新与维持,管理体系的适宜性、适用性和有效性。

(4) 前次管理评审输出(改进)的落实情况。

(5) 最近生物安全监督检查和内部审核结果报告。

(6) 最近外部检查或外部审核结果。

（7）不符合项、事件、事故及其调查报告，纠正措施和预防措施落实情况及持续改进情况。

（8）管理职责的落实情况。

（9）员工的健康状况。

（10）员工状态、培训、能力评估报告。

（11）设施设备的运行状态。

（12）实验室工作报告。

（13）安全计划的落实情况、年度安全计划及所需资源充分性。

（14）风险评估报告。

（15）服务供应商的评价报告。

（16）其他相关因素，如监督活动、管理人员的其他报告。

4. 管理评审会议应对输入内容进行讨论和评审，对管理评审中发现的问题和由此采取的改进建议及时进行记录。管理评审应形成管理评审报告，明确管理体系是否适宜、充分和有效，管理体系改进要求等。应将评审决议作为管理评审输出列入年度目标和工作计划中，并告知相关人员。

5. 各责任科和相关工作人员应执行管理评审决议，特别是管理评审中发现问题及由此采取的改进措施。

6. 实验室管理层应确保所提出的改进措施在规定的时间内完成。

7. 生物安全管理责任部门做好各项记录，并整理归档。

第九节　标识使用管理

一、概述

生物安全实验室应建立规范的标识系统，这不仅是实验室管理的需要，更是确保实验室秩序和确保人员安全的需要。标识的使用应符合国家及国际的通用要求，张贴位置应合理、醒目，并注意维护。如有污损，应及时维护更新，确保标识的正确使用规范，以达到实验室安全管理的目的。

标识系统对实验室安全管理十分重要，以达到向相关人员传递实验室内部潜在安全风险信息的目的，防止实验室人员产生误操作或触碰可能存在风险的部位或设备、设施等。

二、管理要求

（一）标识分类

实验室基本标识分为禁止标识、警告标识、指令标识、提示标识和专用标识五种类型,分别用红色、黄色、蓝色和绿色标识标记。实验室应根据实际情况合理、规范使用各类标识。

1. 禁止标识(prohibition sign)　禁止人们不安全行为的图形标志(表 3-1)(引自 WS 589—2018)。

表 3-1　禁止标识

编号	图形标识	名称	标识种类	设置范围和地点
1-1		禁止入内 No entering	J	可引起职业病危害的作业场所入口处或涉险区周边,如可能产生生物危害的设备故障时,维护、检修存在生物危害的设备、设施时,根据现场实际情况设置
1-2		禁止通行 No thoroughfare	H,J	有危险的作业区,如实验室、污染源等处

2. 警告标识(warning sign)　提醒人们对周围环境引起注意,以避免可能发生危险的图形标志(表 3-2)(引自 WS 589—2018)。

表 3-2　警告标识

编号	图形标识	名称	标识种类	设置范围和地点
2-15		当心高压容器 Warning high pressure vessel	H,J	易发生压力容器爆炸和伤害的场所,如二氧化碳钢瓶、高(和 / 或低)压液氮罐和压力蒸汽灭菌器等
2-16		当心紫外线 Warning ultraviolet	J	紫外线造成人体伤害的各种作业场所,如生物安全柜、超净台和实验室核心区紫外消毒等

3. 指令标识(direction sign)　强调人们必须做出某种动作或采用防范措施的图形标志(表 3-3)(引自 WS 589—2018)。

表 3-3　指令标识

编号	图形标识	名称	标识种类	设置范围和地点
3-1		必须穿防护服 Must wear protective clothes	J	因防止人员感染而须穿防护服的场所,如实验室入口处或更衣室入口处
3-2		必须穿工作服 Must wear work clothes	J	按规定必须穿工作服(实验室基本工作服装)的场所,如实验室风险较低,不需要穿防护服的一般工作区域

4. 提示标识(information sign)　向人们提供某种信息(如标明安全设施或场所等)的图形标志(表 3-4)(引自 WS 589—2018)。

表 3-4　提示标识

编号	图形标识	名称	标识种类	设置范围和地点
4-5		洗眼装置 Eyewash station	J	放置紧急洗眼装置的地点,如洗眼器附近
4-6		生物安全应急处置箱 Biosafety emergency box	J	放置生物安全意外事故紧急处置物品的地点,如生物安全应急箱附近

5. 专用标识(special mark)　针对某种特定的事物、产品或者设备所制定的符号或标志物,用以标示,便于识别(表 3-5,图 3-1)(引自 WS 589—2018)。

表 3-5   专用标识

编号	图形标识	名称	标识种类	设置范围和地点
5-2	 正常使用 IN OPERATION 暂停使用 OPERATION SUSPENDED 停止使用 DO NOT USE	设置状态 Equipment status	J	处于正常使用、暂停使用、停止使用状态的仪器和设施设备上或其附近
5-3	 医疗废物	医疗废物 Medical waste	H,J	医疗废物产生、转移、贮存和处置过程中可能造成危害的物品表面,如医疗废物处置中心、医疗废物暂存间和医疗废物处置设施附近以及医疗废物容器表面等

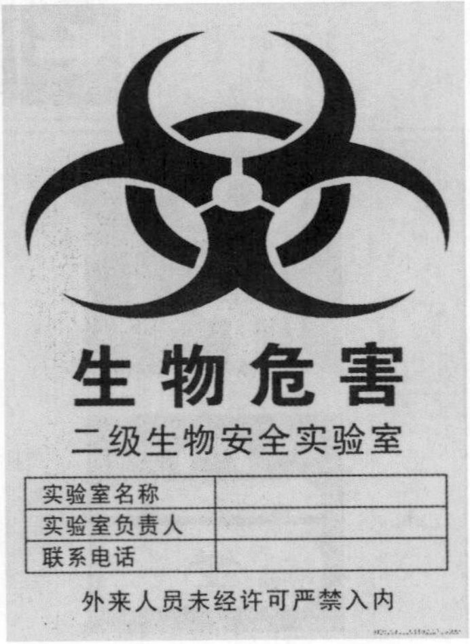

(二)标识的使用

1. 标识应用简单、明了、易于理解的文字、图形、数字的组合形式系统而清晰地标识出危险区,且适用于相关的危险。在某些情况下,宜同时使用标记和物质屏障标识出危险区。

2. 标识应设在与安全有关的醒目地方,并使实验室人员或者相关人员看见后,有足够的时间来注意它所表示的内容。环境信息标识宜设在有关场所的入口处和醒目处;局部信息标识应设在所涉及的相应危险地点或设备(部件)附近的醒目处。

3. 标识不应设在门、窗、架等可移动的物体上,以免这些物体位置移动后,看不见安全标识。标识前不得放置妨碍认读的障碍物。

4. 标识的平面与视线夹角应接近 90°,观察者位于最大观察距离时,最小夹角不低于 75°(图 3-2)(引自 WS 589—2018)。

生物危害
二级生物安全实验室

实验室名称	
实验室负责人	
联系电话	

外来人员未经许可严禁入内

图 3-1   专用标识

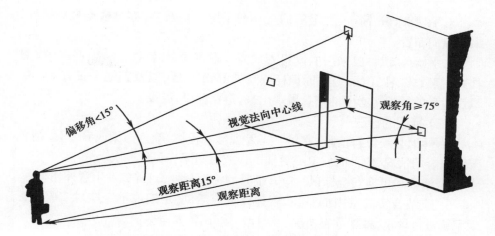

图 3-2　警示标示平面与视线夹角 α 不低于 75°

5. 标识应设置在明亮的环境中。

6. 多个标识在一起设置时,应按警告、禁止、指令、提示类型的顺序,先左后右、先上后下地排列。

7. 两个或更多标识在一起显示时,标识之间的距离至少应为标识尺寸的 0.2 倍(图 3-3)(引自 WS 589—2018);正方形标识与其他形状的标识,或者仅多个非正方形标识在一起显示时,标识尺寸小于 0.35m 时,标识之间的最小距离应大于 1cm;标识尺寸大于 0.35m 时,标识之间的最小距离应大于 5cm;两个引导不同方向的导向标识并列设置时,至少在两个标识之间应有一个图形标识的空位。

图 3-3　两个标识间的间隔尺寸

8. 图形标识、箭头、文字等信息一般采取横向布置,亦可根据具体情况,采取纵向布置。

9. 图形标识一般采用的设置方式为 附着式(如钉挂、粘贴、镶嵌等)、悬挂式、摆放式、柱式(固定在标识杆或支架等物体上),以及其他设置方式。尽量用适量的标识将必要的信息展现出来,避免漏设、滥设。

(三) 标识的管理

1. 标识必须保持清晰、完整。当发现形象损坏、颜色污染或有变化、褪色等不符合的情况,应及时修复或更换。检查时间至少每年一次。

2. 修整和更换安全标识时应有临时的标识替换,以避免发生意外伤害。

3. 应结合实验室内部审核、管理评审等活动,定期或不定期对实验室标识系统进行评审,根据危害情况,及时增、减、调整安全标识。

4. 任何人不得随意涂改、撕毁标识。

第十节 体系运行记录管理

一、概述

管理体系的建立只是体系运行的基础条件,如何确保体系持续有效运行才是目的。为了使管理体系要求得到有效执行,做好体系运行的记录十分必要,因为记录是生物安全管理体系有效运行和实验活动符合规定要求的证据,同时又是进一步改进工作的依据。生物安全管理体系记录包括质量管理记录和实验活动记录(技术记录)。记录应做到溯源性、即时性、充分性、重现性和规范性。

二、管理要求

1. 实验室设立单位应对记录进行统一、规范管理,建立记录管理程序。明确各类记录格式编制和审核以及记录的填写、更改、识别(编号)、收集、存档、借阅、处置等要求。

2. 记录分为质量管理记录和技术记录

(1) 质量管理记录主要源自实验室质量管理和生物安全活动的记录,包括内部审核、文件定期审核、管理评审、纠正措施、预防措施、投诉、合同评审、人员培训、人员健康档案及监护记录,日常自查和监督检查记录,事故的处置记录,风险评估记录,消毒灭菌效果监测记录,生物安全柜和高压灭菌器等仪器设备使用、维护记录,菌(毒)种和样本接收、运输、保存、领用和销毁记录,菌(毒)种目录,废弃物处置记录等。

（2）技术记录主要源自实验活动的记录，包括实验原始观察记录、导出数据、员工开展跟踪审核的信息、工作单、试剂和培养基核查和评估记录、核查表、控制图、各种证书、检验结果和报告、校准证书、检验方法验证记录等。

3. 应指定专人负责各类记录的编号、备案、收集、处置等管理，应对所有记录实行备案并进行唯一性编号，建立记录一览表或目录。

4. 记录格式的编制应做到谁使用谁编制，并经过审核、备案后使用，确保规范、统一。

5. 记录应使用钢笔或水笔填写，不得使用铅笔及圆珠笔书写。记录填写应做到内容真实、完整、字迹清晰、简洁明了，并做到及时记录。

6. 应确保每一项实验室活动或管理活动的记录有足够的信息，便于追溯或溯源。

7. 当记录出现错误时，不得随意涂改，应遵循记录的更改原则，对每一错误应划改，不可擦掉。应确保记录的修改可以追溯到前一个版本或原始观察结果。应保存原始以及修改后的数据和文档，包括修改的日期、标识修改的内容和修改的人员。自动采集或直接录入信息管理系统中的数据的更改也必须遵循上述更改原则，以免原数据丢失或改动。

8. 应及时收集各种记录，并按照规定要求保存。从事高致病性病原微生物相关实验活动的实验记录档案保存期不得少于 20 年。

9. 记录的借阅应按照规定的要求执行。

10. 所有记录应安全保存和保密。

第十一节　实验室信息管理

一、概述

随着实验室和生物安全数据准确性、管理便捷性、信息安全性、交流互通性、踪迹回溯性等管理要求的不断提高，根据《检测和校准实验室能力认可准则》（CNAS-CL01）和《医学实验室质量和能力认可准则》（CNAS-CL02:2012）对实验室信息系统建设的有关要求，实验室设立单位应建立包括实验室日常管理、检验检测、安全风险控制等相关的信息管理系统及管理程序，这不仅能提高实验室的运行效率，同时还可增强实验室与实验室之间的交流。

二、管理要求

1. 实验室设立单位应建立于与实验室规模和实验项目相适应的信息管理系统。

2. 实验室设立单位应建立实验室信息化管理程序和制度。

3. 信息管理系统应具备样品管理、资源(材料、设备、资产)管理、事务(文件资料和档案)管理、科研课题管理与转化率管理、实验过程管理、生物安全管理等功能,便于对人力、设备、采(抽)样和样品、材料、方法、环节、检验检测等进行管理。

4. 信息管理系统应设有数据采集、传输、存储、查询、处理、统计分析、数据合格与否的判定、输出与发布、报表管理、网络管理等模块,方便使用、统计、分析和管理。

5. 信息管理系统应建立明确的审核路径。

6. 信息管理系统应符合国家或国际有关数据保护和保密的要求,应有程序来保护和备份以电子形式存储的记录,并防止未经授权的侵入或修改,确保数据安全性和完整性。

7. 实验室设立单位应有文件化程序以确保始终能保持重要信息的保密性,防止非授权者访问,具有相应的措施安全防护以防止篡改或数据丢失。

8. 在符合规定的环境下操作;对于非计算机系统,应提供保护人工记录和转录准确性的条件。

9. 信息系统应验证外部信息系统从实验室直接接收的电子及相关拷贝(如计算机系统、传真机、电子邮件、网站和个人网络设备)的检验结果、相关信息和注释的正确性。

10. 当开展新的检验项目或应用新的自动化注释时,实验室应验证从实验室直接接收信息的外部系统再现这些变化的正确性。

11. 信息系统应有文件化的应急计划,一旦发生影响实验室提供服务能力的信息系统失效或停机时仍能维持必要的服务功能。

12. 当信息系统在异地或分包给其他供应商进行管理和维护时,实验室管理层应负责确保系统供应商或操作人员符合规定的要求。

13. 信息系统管理人员应经过供应商确认并进行实验室运行验证,在系统使用前应进行有关培训或考核验证。

14. 信息系统管理人员应根据人员管理职责不同,做好有关系统功能的分配和分层管理。

15. 实验室设立单位应建立生物样本和菌(毒)种管理信息管理系统或平台,完善生物样本和菌(毒)种申请审批、使用和保存、转运和运输交接及销毁的管理流程,建立生物样本和菌(毒)种台账和明细。

16. 应建立生物样本和菌(毒)种去向信息跟踪系统,确保生物样本和菌(毒)种得到有效控制。

第十二节 病原微生物实验室备案管理

一、概述

《病原微生物实验室生物安全管理条例》第二十五条规定:新建、改建或者扩建一级、二级实验室,应当向设区的市级人民政府卫生主管部门或者兽医主管部门备案。实验室备案是依法开展实验活动的前提,实验室设立单位应组织做好实验室备案工作,确保提供真实、全面、客观的基本信息。备案应在开展实验活动前完成,并及时对信息进行更新。

实验室设立单位的生物安全管理部门负责组织实验室的备案工作,通过规范实验室备案流程、明确实验室备案要求,便于生物安全实验室备案工作顺利开展。

二、管理要求

1. 实验室设立单位应明确实验室备案管理要求。新建、改建或者扩建一级、二级实验室,应当及时向设区的市级人民政府卫生主管部门或者兽医主管部门备案。

2. 一级、二级生物安全实验室申请备案登记,应当具备以下条件:

(1) 实验室设立单位应当具有独立法人资格。

(2) 根据实验室设立单位的职能,合法从事与病原微生物菌(毒)种、样本有关的实验活动。

(3) 实验室的生物安全防护水平与所从事的病原微生物实验活动相适应,并符合《人间传染的病原微生物名录》的有关规定。

(4) 实验室应当具备与所从事的实验活动相适应的实验设施、设备及个体防护措施,满足《实验室 生物安全通用要求》(GB 19489—2008)、《病原微生物实验室生物安全通用准则》(WS 233—2017)等国家有关标准规定。

(5) 从事实验活动的人员应当参加生物安全岗前培训,并通过考核取得考试合格证书。

(6) 实验室设立单位应建有完善的生物安全管理体系,对所从事的病原微生物进行危害评估。

3. 备案管理所称的病原微生物是指《人间传染的病原微生物名录》所列能够使人致病的微生物。

4. 备案管理所称的病原微生物实验室是指依法从事《人间传染的病原微生物名录》所列病原微生物菌(毒)种和生物样本的研究、教学、检测、诊断等活动的生物安全实验室。

5. 各级行政主管部门应督促辖区生物安全实验室及时备案。

6. 实验室所在单位应明确备案管理部门和责任人,并及时对备案信息的完整性、真实性及符合性进行审核,对备案信息的真实性和准确性负责。

7. 不同楼层或不同独立的物理区域的实验室应分别备案,不得集中捆绑式备案成一个实验室。

8. 审核部门应严格把关,及时审核,对不符合备案要求的实验室,应及时退回,并提出意见。

9. 实验室应对备案信息及时进行更新。应定期更新生物安全防护设备和检测设备的性能检定和校准状况。当实验室场所、重大设施设备、主要实验人员和实验活动项目等内容发生变更时,应在变更之日起 1 个月内向原备案机构提交实验室备案变更报告,重新进行备案登记。

10. 以浙江省为例,生物安全实验室备案要求如下:

(1) 备案管理流程见图 3-4。

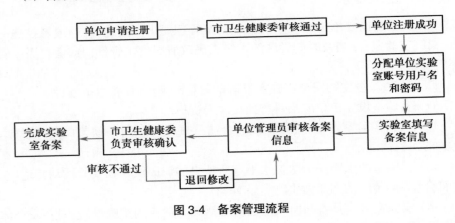

图 3-4　备案管理流程

(2) 备案时递交的体系文件应包括生物安全管理手册、程序文件、作业指导书、记录表格及安全手册、风险评估报告。相关制度包括实验室人员和项目准入制度,人员培训考核制度,人员健康监护制度,实验室生物危害标识使用、菌(毒)种和生物样本管理,档案管理,实验废弃物管理,事件、伤害、事故和职业性疾病报告,生物安全检查制度,实验室消毒隔离,实验室应急处置、实验活动生物安全标准操作、实验室人员生物安全行为规范。

11. 备案实验室在开展高致病性病原微生物实验活动时,应及时依法报告。

12. 未按照规定备案的生物安全实验室不得开展相应的实验活动。如违法开展,卫生行政部门可以按照《病原微生物实验室生物安全管理条例》第六十条的规定进行处罚。

第四章

实验室设施管理

本章共有两节,分为实验室设施管理的基本规范和实验室设施建设规范。应依据实验室生物安全防护的要求对实验室设施和设备进行管理,设施和设备的配置应能满足实验室具体业务工作的需求;应对设施和设备进行全周期性管理,以保障设施和设备运行能满足生物安全防护和实验检测的要求。实验室建筑和场地是人员从事实验活动的基础,是生物安全防护的重要保障措施;在实验室场地设计和建设过程中应科学规划并结合实验检测的特点,全面考虑实验场地的通用要求以及实验室检测项目和自身发展的特定需求,从而保障实验室建筑和场地完全能满足生物安全防护水平的要求。

第一节 基 本 要 求

一、概述

实验室设施和设备是从事实验工作的基础条件,是实验室生物安全管理的重要内容之一。实验室设施管理应包括实验所涉及的全部设施和设备,并根据实验室的发展和业务需求不断完善。实验室设施和设备的规范性管理,将有助于保障实验生物安全、检测结果准确性和降低意外事件的风险等;应对实验室设施和设备进行全周期性管理,至少覆盖确认、投入使用、标识、维护、校准、维修、性能评价、处置报废、意外处理、档案管理等过程。鉴于不同实验室功能定位、规模大小、检测工作性质、检测项目和方法等存在差异,因此不同实验室设施和设备的配置要求有所不同,但配置基本原则是应与其开展的业务工作相适应,满足其生物安全防护水平的要求。

二、管理要求

1. 实验室设施和设备的配置应符合生物安全防护水平的要求。

2. 实验室设施和设备的种类和数量应满足业务工作开展的需求。

3. 实验室应建立有设施和设备(包括个体防护装备)确认、维护、校准和持续监控等的管理制度和程序,并严格执行。

4. 实验室新的设施和设备在投入使用前应进行确认,设施和设备应符合预期使用要求。

5. 实验室设施和设备应标识清楚,具有唯一性编号、运行标识;需要校准的设备和设施应有校准标识,计量设备应符合检定要求。

6. 实验室使用和维护设施和设备的人员应经过培训后评估合格,严格执行现行有效版本的说明书和操作规程。

7. 实验室应建立设施和设备性能评价监控指标,并定期进行评价。

8. 实验室有故障或者停用的设备和设施应有明显的标识,防止误用。

9. 经过维修的重要设施和设备或者重新返回实验室的设施和设备,使用前应再次进行性能确认。

10. 不能满足实验室要求的设施和设备应及时进行安全处置。

11. 实验室设施和设备存在危险的部位应有警示标识。

12. 实验室设施和设备的维护、保养和移出实验室前,应根据防护需求进行必要的清洁和消毒。

13. 实验室应制订有针对生物安全意外情况时,设施和设备清洁和消毒的方案。

14. 实验室设施和设备确认、使用、维护、性能监测、消毒、移出等过程应有记录,以便具有可追溯性。

15. 实验室应建立完整的设施和设备的档案,内容应符合《实验室生物安全通用要求》(GB 19489—2008)。

第二节　实验室设施建设

一、概述

实验室建筑和场所是实验检测工作必备的条件之一,如何科学规范建设实验室是保障实验室生物安全的重要基础。规范性管理实验室建筑和场地的建设,特别是从实验室建筑的基建开始就进行规范,将有助于保证实验室生物安全,降低生物安全风险。实验室建筑和场所的管理涉及内容较多,至少包括建筑的选址、布局、设计、结构、抗震、供配电、照明、温湿度、噪声、洁净度、弱电、给排水、消防设施、送排风、气流组织等。针对实验室检测功能要求不同，实验室建筑和场所上可能存在差异；但实验室建筑和场所必须符合国家的标准要求，送排风和气流组织设置规范；此外在规划和设计时应充分考虑到实验室检测项目的特性和发展需求，以保证其满足生物安全的要求。

二、管理要求

（一）实验室选址、布局、设计

1. 实验室所在建筑的选址应符合国家环境保护部门、建设主管部门、所在城市规划和区域规划的要求。

2. 一级和二级生物安全实验室可与所在单位其他部门共用建筑物，建筑物的间距无特殊要求。

3. 实验室用房在建筑物内应相对独立，应有物理隔断措施，满足其生物安全防护水平的要求。

4. 实验室选址应尽量避开存在噪声、电磁场等影响实验检测的场所。

5. 实验室区域应设置防护区和辅助工作区，分区合理。

6. 实验室布局应人流、物流合理，不得交叉污染。

7. 实验室布局应满足开展的业务工作要求和符合工作流程，应综合考虑实验室业务的发展需求。

8. 实验室应在入口处设置更衣室或更衣柜。

9. 一级生物安全实验室应有可控制进出的门，二级生物安全实验室应设置可自动关闭的带锁的门。

10. 实验室应满足《生物安全实验室建设技术规范》（GB 50346—2011）的有关设计要求。

11. 实验室的结构应符合国家标准《建筑结构可靠度设计统一标准》（GB 50068）的有关规定。

12. 实验室的抗震应符合国家标准《建筑抗震设防分类标准》（GB 50223）的有关规定。

13. 实验室的地基基础应符合国家标准《建筑地基基础设计规范》（GB 50007）的有关规定。

14. 实验室的供配电、弱电、给排水、消防设施等应按照通用原则，充分利用其所在建筑物内的公共设施。

15. 实验室的防护区给水管道应有措施保障水不回流污染。

16. 实验室医疗废弃物的分类、收集、存放和处置等应符合《医疗废物管理条例》的规定。

17. 实验室含致病微生物的污水应进行消毒灭菌处理。

18. 实验室的温度、湿度、照度、噪声和洁净度等,应满足开展的实验环境要求和符合职业安全的要求。

19. 实验室区域内走廊及出口应有疏散指令标识。

20. 实验室应有防止节肢动物和啮齿动物进入和外逃的措施。

21. 实验室应留有足够的搬运孔洞,满足设施、设备搬运和新业务的发展。

22. 实验室应考虑节能、环保及舒适性要求,以尽可能符合人机功效学要求。

23. 动物实验室应满足《生物安全实验室建设技术规范》(GB 50346—2011)关于动物实验室的特定要求。

(二) 实验室送排风和气流组织设置

1. 实验室依据生物安全危害程度和业务运行需求划分空调净化区域,划分的区域应有利于消毒、自动控制系统设置和节能。

2. 设计空调净化系统负荷应考虑各种设施和设备的热湿负荷量以及业务工作的具体需求条件。

3. 实验室空调净化系统和高效排风系统的风机,应选择风压变化较大而风量变化较小的类型。

4. 净化系统的空气过滤器、空调设备应符合《生物安全实验室建设技术规范》(GB 50346—2011)的有关要求。

5. 送排风系统设计应考虑实验室所需专业设备、生物安全柜、动物隔离设备等的使用条件。

6. 实验室气流组织宜采用上送下排方式,送风口和排风口位置应有利于室内污染的空气被排出。

7. 实验室送风口位置不应在生物安全柜操作面或其他有气溶胶产生地点的上方。

8. 实验室新风口离地高度符合要求,应安装保护网和有效的防雨措施,并远离污染源。

9. 实验室高效过滤器排风口应设在室内被污染风险最高的区域,不应有障碍,高效过滤器排风口位置参数和排风速度应符合要求。

10. 实验室不得使用木制框架安装送排风高效过滤器。

11. 实验室内需要消毒的通风管道应为整体焊接。

12. 实验室排风机外侧的排风管上室外排风口处应安装保护网和防雨罩。

13. 实验室应依据生物安全保护对象、防护水平的要求选择相应类型的生物安全柜。

（三）实验室电力供应

1. 实验室应有可靠的电力供应系统。

2. 实验室电力总负荷量应大于现有和正在采购设施和设备的最大负载总量，并预留足够发展的空间。

3. 实验室应设置专用配电箱。

4. 实验室大功率或重要的设备应配置单独回路配电，并有漏电保护装置。

5. 实验室内的固定电源插座数量应满足业务需求。

6. 实验室重要设备必要时应配置备用电源或者不间断电源。

7. 实验室应对电力和不间断电源进行定期维护。

8. 二级生物安全实验室的电力负荷不宜低于二级负荷。

第五章

实验室建设与设计

实验室是开展各种科学研究,样品检测的基础设施。实验室工作环境不同于普通的办公环境。实验室设计建设既需要满足实验要求、操作方便、舒适,实验结果不受环境的影响,更要保障实验人员以及整个实验室内外环境及周边人员不受实验中的病原微生物、废水、废气等有害物质的侵害,确保人员和环境安全。

不同领域的实验室有着各自不同的特点和需求,因此,不同的实验室设计与建设必须根据自身特点和要求,结合现场条件和当前科技发展水平,依据国内外相关标准及经验,进行规划建设,以满足不同科学研究、检测的需要。

第一节 临床实验室设计建设

一、概述

临床实验室在满足各学科科学研究、诊断、检测要求的基础上还必须具备相应的生物安全防护,应确保对各种标本进行生物学、微生物学、免疫学、化学、血液免疫学、血液学、生物物理学、细胞学等实验操作时人员和环境安全,确保实验结果不受环境的干扰。临床实验室设计建设以操作方便、舒适、环保实用、安全合规为原则。

二、管理要求

1. 临床实验室选址、设计和建造应符合国家和地方、环境保护、卫生和建设主管部门的规划和要求。

2. 应依据国家相关主管部门发布的病原微生物分类名录,在风险评估的基础上,确定实验室的生物安全防护水平。

3. 临床实验室的防火及安全通道设置应符合国家的消防规定和要求,同时应考虑生物安全的特殊要求。

4. 临床相关病原微生物实验室的设计应符合《实验室生物安全通用要求》(GB 19489—2008)、《生物安全实验室建筑技术规范》(GB 50346—2011)、《病原微生物实验室生物安全通用准则》(WS 233—2017)以及《医学生物安全二级实验室建筑技术标准》(T/CECS 662—2020)等相关要求。

5. 临床实验室通风、温度、湿度、照度、噪声和洁净度等环境参数应符合工作要求和相关标准要求。室内层高应能满足安装新风、排风管道及机组,应预留足够的排风风井和新风采风口。

6. 临床实验室设计还应考虑节能、环保及舒适性要求,应符合职业卫生要求和人体功效学要求。

7. 临床实验室空间分配应合理利用空间,并充分考虑工作人员流动和样本运送,仪器、设备和家具数量,供给和实验工艺流程之间的相互关系。空间划分为清洁区(办公室、休息室、学习室)、缓冲区(储存区、供给区)、污染区(工作区、洗涤区、标本储存区)。

8. 临床实验室内部布局设计应根据放置仪器的类别、数量以及实验流程的需要决定空间的合理化分配,同时预留出适当的空间及用电容量,以满足实验室发展的需要。

9. 临床实验室的设计应保证对生物、化学、辐射和物理等危险源的防护水平控制在经过评估的可接受程度,为关联的办公区和邻近的公共空间提供安全的工作环境。

10. 必须要为实验室安全运行、清洁和维护提供充足的空间。

11. 实验室墙壁、天花板和地板应当光滑、易清洁、不渗液以及耐化学品和消毒剂的腐蚀。地板应当防滑,同时应尽可能地避免管线暴露在外和有积尘。

12. 实验台面可耐消毒剂、酸、碱和有机溶剂的腐蚀,并达到中等程度耐热。

13. 应保证实验室内操作时的照明,避免不必要的反光和闪光。

14. 实验室器具应当坚固耐用,在实验台、生物安全柜和其他设备之间及其下面要保证有足够的空间可供清洁卫生。

15. 应当有足够的储藏空间来摆放随时使用的物品,以免在实验台和走廊内造成混乱。还应当在实验工作区外提供其他可长期使用的储藏空间。

16. 每个实验室都应有洗手池,应尽可能采用冲洗,洗手池宜安装在出口处。

17. 实验室的门应有观察窗,门可以自动关闭,并达到规范、标准要求的防火等级。

18. 在进行病原微生物检测研究的实验室所在的建筑内应当配备高压灭菌器。

19. 实验室应设有紧急洗眼装置,进行化学实验或含有腐蚀性试剂的试验区域,应设置紧急冲淋。对于实验室公用区域应配置包含防火防化学试剂泄漏、创伤急救等器材的应急安全柜等安全设备。

第二节 实验室通风系统设计建设

一、概述

实验室通风系统是实验室设计建设的重点之一,它包括实验室新风系统和排风系统。目前普通实验室通风仍主要采用自然通风,个别无窗或房间进深较深的实验室则采用机械通风。特种专业实验室(如 ICP-MS 仪器室、洁净无菌实验室、生物安全实验室等)均以机械通风为主。实验室在设计规划时,应充分考虑建筑层高和预留排风风井和新风风口。以便管道和机组的安装布置。

二、管理要求

1. 实验室建筑设计时,应充分预留排风井道,同时选择合适的建筑层高,方便通风管道的铺设和吊顶上设备层设备的安装。楼顶应预留一定的设备平台,方便大型通风设备和废气处理系统的安装,实验楼和屋顶不建议设计为斜顶。

2. 实验室通风系统分为新风(进风)和排风部分

(1) 实验室新风系统:实验室新风系统的主要作用是供给新鲜空气和辅助组织气流方向(压差)。

实验室的新风系统主要采用自然通风和机械通风两种方式。机械通风主要包括新风机组和全热交换两种形式。目前普通实验室的新风系统以采用自然通风(开窗)为主,对无窗或进深较深的实验室则采用机械通风。

全热交换系统同时包含排风系统和新风系统,新风和排风在全热交换系统中进行热交换,在保证房屋新风效果的同时,降低排风系统带来的空调系统能量损耗。

(2) 实验室排风系统:实验室排风系统的主要作用是清除污染空气、组织气流方向、辅助引进新风。

实验室排风系统主要分为室内综合排风和污染源、设备设施定点排风,通常采用排风风机进行机械排风。对易燃易爆环境应采用防爆风机,对腐蚀性环境应选择防腐风机。

3. 理化实验室的常见排风系统　理化实验室排风:

(1) 室内排风:试剂室、钢瓶室、普通实验室等。

(2) 定点局部排风:通风柜、排风型试剂柜以及原子吸收、等离子发射光谱仪、等离子光谱发射质谱仪、原子荧光、液相色谱、气相色谱等设备的排风设备如万向抽气罩、不锈钢排风罩等。

理化实验室排风设计中最主要的是通风柜的排风,废气中的有机成分和无机成分在一定的条件下可能会发生氧化还原反应,在浓度较高的情况下有爆炸的风险。通风柜的排风建议分为无机和有机两个系统,两个系统排风设备和管道应相互独立,避免燃爆风险。

排风管道和排风设备应使用耐酸碱、耐腐蚀、耐老化的材料。当采用下送或下送上抽的方案时应在每路支管上设置单向阀,防止各排风终端之间串风,造成有害气体扩散。

4. 微生物实验室的常见排风系统　微生物实验室排风:

(1) 室内排风:生物安全实验室(加 HEPA 外排)、PCR 实验室、洁净室(HEPA 循环)、普通实验室等;

(2) 定点局部排风:生物安全柜、离心机负压排风罩、排风型试剂柜等。

微生物实验室中具有传染性、致病性较强的生物安全实验室(如结核实验室)的排风,在排风系统中应设计高效过滤器,废气过滤后再排出。高效过滤器应安装在室内排风口端,室外排风口应设置在无人员活动的空间,宜高空排放。

洁净室(无菌室)的排风,洁净室排风为循环形式,通过初、中、高效过滤器过滤后不断循环,在此过程中部分通过门隙外泄。循环过滤后的洁净室空气会同补充的经过过滤的新风以保证室内的洁净度。

全排生物安全(B_2 型)柜,排风管道应与生物安全柜密闭连接,不能直接排入风井,在风井内应铺设专用管道引至楼顶排放。

半排生物安全(A 型)柜,排风管道应与生物安全柜半密闭连接,在生物安全柜排风口上方设置排风罩并留有适当的进风空间,排风罩应能全部罩住排风口。

离心机负压排风罩,有特殊要求的生物安全实验室内对离心机和开盖式灭菌锅应设置含高效过滤器的负压排风罩,保护实验人员及环境安全。

试剂柜,装有机溶剂或有挥发性气体的试剂柜应设置排风。

第三节　二级生物安全实验室设计建设

一、概述

根据对所操作的生物因子采取的防护措施,生物安全实验室生物安全防护水平分为四级。一级最低,四级最高。二级生物安全实验室(BSL-2)在各级生物安全实验室中适用面最广,使用量最大。二级生物安全实验室(BSL-2)又分为普通型和加强型两种形式。许多可经空气传播的对人体、动植物或环境具有中等危害或具有潜在危险的致病因子以及国家相关部门指定防护等级的致病性生物因子的检测研究应采用加强型二级生物安全实验室。加强型二级生物安全实验室采用经高效过滤的负压单向流排风系统,使核心区室内呈负压状态,防止室内未经处理的空气外逸,以确保实验室周围环境和人员的安全。

二、管理要求

1. 二级生物安全实验室(BSL-2)设计应符合《实验室 生物安全通用要求》(GB 19489—2008)、《生物安全实验室建筑技术规范》(GB 50346—2011)、《病原微生物实验室生物安全通用准则》(T/CECS 662—2020)及《医学生物安全二级实验室建筑技术标准》(T/CECS 662—2020)等标准的相关要求。综合上述标准要求,生物安全二级实验室(BSL-2)的主要技术指标见表5-1。

2. 生物安全实验室墙壁、顶棚和地板应光滑、易清洁、防渗漏并耐化学品和消毒剂的腐蚀。地面应防滑、不应在实验室内铺设地毯及使用织物窗帘等饰品。墙壁、顶棚等围护材料及工艺目前国内普遍采用轻质彩钢板、铝合金组合型材,所有阴角、阳角采用圆弧形线条过渡。地面采用无缝焊接PVC地胶板。

3. 气流组织是生物安全实验室设计建设的重点之一,排风系统既消除污染空气,也是形成负压气流的主要动力。排风系统应安装高效过滤器,经过高效过滤后高空排放。

4. 排风系统的过滤器应安装于室内排风口前端,便于更换安装,并可有效防止管道污染。

5. 生物安全实验室气流组织必须从清洁区流向污染区,形成定向气流,最大限度减少室内回流与涡流,送风口一般设置在室内入口处的顶部,室内送风口和排风口的位置应使气流停滞的空间降到最小,并且排风口应设置在安放生物安全柜的一侧的下端,邻近生物安全柜,单侧布置,不得有障碍。

6. 生物安全实验室气流组织宜采用上送下排方式,送风口和排风口布置

表 5-1　二级生物安全实验室主要技术要求和指标

类型	通风方式	缓冲间	核心工作间相对于相邻区域最小负压（Pa）	高效过滤排风	高效过滤送风	温度（℃）	相对湿度（%）	噪声[dB（A）]	核心工作间平均照度[lx]
普通型医学 BSL-2 实验室	应保证良好通风。可自然通风，宜设置机械通风。可使用循环风	根据需要设置	—	—	—	18~26	—	≤60	≥300
加强型医学 BSL-2 实验室	机械通风，不应自然通风；且不宜使用循环风	应设置	不宜小于 −10Pa	有	宜设置	宜 18~26	宜 30~70	≤60	≥300

注　1. 普通型 BSL-2 实验室采用自然通风时，应满足现行国家标准《民用建筑供暖通风与空气调节设计规范》GB 50736 的有关要求。
　　2. 加强型医学 BSL-2 实验室穿着核心工作间不应设可开启的外窗。
　　3. 可根据操作人员穿着防护设备适当调节医学 BSL-2 实验室温度。
　　4. 负压房间应在入口显著位置安装压力显示装置，并标识压力合格范围。
　　5. 加强型医学 BSL-2 实验室核心工作间应对大气保持负压状态。
　　6. 本表中的噪声不包括生物安全柜、通风柜等设备的噪声，当生物安全柜、通风柜等设备开启时，最大不应超过 68dB（A）。

应有利于室内可能被污染空气的排出。气流组织上送下排时,高效过滤器排风口下边沿离地面不宜低于 0.1m,且不宜高于 0.15m;上边沿高度不宜超过地面之上 0.6m。排风口排风速度不宜大于 1m/s。

7. 生物安全实验室要有良好的密闭性,包括实验室围护结构的密封性和空调通风管道的密封性。

8. 高效过滤器的更换和检漏问题,特别是排风高效过滤器。排风高效过滤器更换前必须首先消毒灭菌,设计和安装时必须考虑消毒操作,同时便于更换。为了确保环境安全,排风高效过滤器也应考虑检漏的可能性,或采取其他确保不泄漏的措施。

9. 生物安全实验室空调通风系统的设计应充分考虑生物安全柜、离心机、CO_2 培养箱、摇床、冰箱、高压灭菌锅、真空泵和紧急冲洗池等专用设备的冷、热、湿和污染负荷。

10. 生物安全实验室送、排风系统的设计应考虑所用生物安全柜等设备的使用条件。生物安全实验室选用生物安全柜应符合相关规定的要求。

11. 对生物安全实验室的负压排风量必须进行详细的设计计算。负压排风量应包括围护结构漏风量,开关门引起的漏风量,开关传递窗引起的漏风量,生物安全柜、离心机和真空泵等设备排风罩的排风量等。

12. 当生物安全实验室中使用全排生物安全柜时应设计相应的补风系统或变频自动风量调节系统,并与全排生物安全柜的排风系统联动,来自动平衡全排生物安全柜开启时产生的压差。

13. 排风必须与送风联锁,排风先于送风开启,后于送风关闭。

14. 生物安全柜的排风系统应相对独立。

15. 生物安全柜排风系统应能保证生物安全柜内相对于其所在房间及其他排风设施为负压。

16. 生物安全实验室不得利用安全柜或其他负压隔离装置作为房间排风口。

17. 生物安全柜应安装于排风口附近,不应安装在气流激烈变化和人员走动多的地方,不应安装在门口。生物安全柜应处于空气气流方向的下游。

18. 生物安全柜与排风系统的连接方式,必须满足相关规定,且必须方便排风高效过滤器的更换。

第四节   临床基因扩增检验实验室设计建设

一、概述

基因扩增检验实验室(PCR)设计建设应以确保检测结果质量和实验室

生物安全为出发点,应遵循《医疗机构临床基因扩增管理办法》《医疗机构临床基因扩增检验实验室工作导则》、《生物安全实验室建筑技术规范》(GB 50346—2011)及《医学生物安全二级实验室建筑技术标准》(T/CECS 662—2020)等标准的原则要求。各区域独立缓冲、定向气流,既要防止实验室各区域相互干扰产生假性结果,又要确保实验室的生物安全。样本制备区是 PCR 实验室生物安全防护的关键重点区域。

二、实验室整体规划

PCR 实验室设计建设,在整体实验楼的设计建设阶段,在设计时就应充分考虑实验室排风风井和实验室层高满足后续安装要求。PCR 实验室排风风井应满足室内负压排风和生物安全柜(配置全排(B$_2$ 型)生物安全柜时)的排风需要。实验室建议层高 3.6~4.2m,梁下高度建议 ≥3.2m,以便为顶棚上技术夹层安装空调机组等设备预留足够空间。

三、PCR 实验室布局

根据现场实际情况,PCR 实验室区域设置常采用分散和组合型两种形式,分散形式的 PCR 实验室各区用房彼此相距较远,呈分散布置形式,对于分散形式的 PCR 实验室,由于各个实验区域之间不易相互干扰,因此减少了样品相互污染产生假阳性结果的概率。因此,实验室设计建设只要考虑实验室生物安全要求,样本制备区满足生物安全二级(BSL-2)实验室要求即可,如检测可通过气溶胶传播并符合国家指定二级生物安全防护水平的病原微生物,诸如新冠病毒、结核杆菌等,相关实验操作应在负压加强型二级生物安全实验室中进行。

组合型 PCR 常规布局分为试剂准备区、样本制备区、产物扩增区、产物分析区等四区,相邻布置,组成独立、整体的 PCR 实验区域。采用 PCR 实时荧光时,可以将产物扩增区和产物分析区合并。

为了实验室气流组织和污染控制,PCR 实验室应设立一道专用缓冲走廊,每个区从缓冲到工作区域之间应设缓冲间。组合型 PCR 平面布置见图 5-1。

样本制备区生物安全柜位置应尽量远离开门和人员走动频繁的位置,防止开关门及走动对生物安全柜的气流产生影响。

四、PCR 实验室气流组织

对于组合形式的 PCR 实验室,由于各区域集中布置,容易造成相互干扰。应设置合理的单向定向气流屏障,防止因相互污染而产生假性结果。

各区之间可设专用缓冲走廊,减少相互之间的气流交换,缓冲走廊的定向

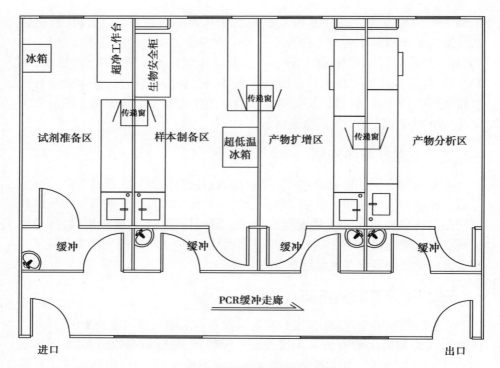

图 5-1　组合型 PCR 平面布置图

气流方向应为从试剂配制端流向产物分析端,各区域应在入口区设缓冲间,以减少室内外空气交换,需要说明的是在减少室内外空气交换方面,缓冲间比专用走廊更有意义。

PCR 一区(试剂准备区)应为正压,防止样本及扩增后的产物污染试剂。

PCR 二区(样本制备区)核心区应为负压,防止有传染性、致病性样品的气溶胶逸出核心操作区,危害实验室周围环境及人员。

PCR 三区(产物扩增区)一般不涉及样本反应管的开放性操作,该区可设为负压或常压。

PCR 四区(产物分析区)核心区应为负压,防止扩增后的产物逸出核心区影响其他区域。

五、PCR 实验室主体围护结构

PCR 实验室墙体包括顶棚,应结构牢固、气密性好。常采用轻质彩钢板、铝合金组合型材。室内所有阴角、阳角均采用铝合金弧形线条过渡,从而解决容易污染、积尘、不易清扫等问题。墙体内壁光洁、不吸收、耐腐蚀、易清洗消毒。

地面宜使用 PVC 卷材地面,无缝焊接,整体性好。便于进行清洁消毒,耐腐蚀。

照明灯具应选用净化灯具,具备便于清洗、不积尘的特点。各区顶部应安装紫外线消毒灯,控制开关宜设在缓冲走廊入口。

六、PCR 实验室通风及空调系统

PCR 实验室通风及空调系统是保证人员在 PCR 实验室正常工作和防止交叉感染的重点。

PCR 实验室各区应有独立的通风系统,新风或排风应设计为独立的风管。各区的新风和排风风管相互独立、互不干扰,可防止交叉污染。

如果现场条件不允许,可将四区的排风和新风的主管分别合并,再分到每个房间,但必须在分到每个房间的排风支管和新风支管上设置单向阀,防止交叉污染。

空调系统建议选用盘管式空调,各区空调通风系统相互独立。不宜使用扫风式空调。

空调出风口应远离生物安全柜位置,防止干扰生物安全柜气流。

样本制备区排风口位置应设置在放置生物安全柜的下侧面,应设置高效过滤器。送风口应设置在本区入口处的顶部,上送下排,形成从清洁区流向污染区的定向气流。PCR 实验室对洁净度没有要求,但在送风口安装高效过滤器,尤其是在样本制备区对空气进行过滤净化,对延长生物安全柜的使用寿命具有实际意义。

第五节　病理实验室设计建设

一、概述

病理实验室设计与建设应符合国家卫生健康委《病理科建设与管理指南》的要求。鉴于在病理检验中大量使用甲醛和二甲苯等试剂,在实验室设计建造时,应充分考虑相关通排风及空气净化处理设施的使用建设,并符合相关实验室生物安全要求,确保实验室具有操作方便、安全环保、美观大方、舒适的工作环境。

二、管理要求

1. 根据病理实验室中、长远规划及工作流程,合理的分配实验室空间,为临床医学更好地服务。

2. 病理科实验室建筑设计应符合《病理科建设与管理指南》、《科学实验室建筑设计规范》(JGJ 91—93)、《医学实验室质量和能力特殊要求》(ISO 15189—2006)、《实验室生物安全通用要求》(GB 19489—2008)的相关要求。

3. 满足各项设计规范前提下,考虑实验室科学性、实用性及美观性。全面贯彻在经济可能条件下注意科学实用的设计方针,达到实验室高质量、高实用,并为实验室工作人员营造科学、舒适的工作环境。

4. 综合考虑周围环境及建筑条件,同时充分考虑实验室的生物安全设计,应保证实验室的工作环境不受外界环境的影响,也保证实验室的污染(水污染、空气污染)不会影响外部的环境。

5. 病理实验区一般应设立标本接收室、标本存储室、取材室、脱水室、包埋切片及冰冻切片室、染色制片室、细胞学及 TCT 室、免疫组化、特染室以及分子病理学室等。办公区设立综合阅片及办公室、文档资料室、档案室、主任办公室各一间。实验室辅助用房设立男女更衣卫生间各一间、药品仓库室一间。

6. 病理实验室设计时应区分实验区与办公区以及辅助功能室,区分重污染实验区与轻污染实验区以及清洁区。各区域功能清晰,如接诊及标本接收区、标本准备区、大体检查及取材区、组织脱水处理区、切片制作区、细胞学处理区、特殊染色和免疫组化工作区、分子病理工作区、试剂和耗材保存区、标本保存区、医疗废物处理区和医务人员办公区,读片讨论区、图书室等基本功能区域。开展远程病理诊断的,还应当设置远程诊断区。

7. 病理实验室设计时应确定合理实验流程,要求该流程符合人体功效学,对病理诊断、分析有利,对实验室人员安全操作起保护作用。

8. 病理实验室的设计应充分考虑人员流动的线路及人员活动的密集程度,严格执行人员流动最小化,尽量采用大空间设计,以减少人员在公共区域的活动,并要求标本传递线路尽量短。还需设计潜在污染外溢的防护措施,考虑实验室"三废"处理排放,设计时应考虑实验室通信、消防设施齐全和实验室自我保护功能以及必要的检测、显示、报警功能。

9. 病理实验室设计时应确定取材台、通风柜、标本冷藏柜等实验室设备及实验台、柜、通风设备和等离子等空气净化设备等平面布置和安装。同时实验室功能区域划分应满足有足够空间放置实验台、通风柜、普通工作台及其基本的设备如试剂冷藏柜、冰冻切片机、离心机等仪器的要求及方便排风设施的安装。

10. 病理科常用试剂对空气污染较为严重,人体长期接触也具有很强的毒性,病理科废气主要是实验中使用的化学试剂挥发产生的具有刺激气味和有害的气体如甲醛、二甲苯等,所以应设计合理的通风设备以及废气处理装置,以防止污染在不同的功能区域间渗透扩散,保障实验操作人员和环境的安全。

11. 病理实验室在对人体标本进行切片等实验操作时,应充分考虑生物安全防护,具备条件的应设置负压实验室、病理取材台等设备应具有负压防护功能。

12. 病理科实验室设计建造时,层高应满足排风管路、机组的安装,应预留足够的排风风井及新风取风口。

第六章

实验设备管理

实验设备管理包括实验常用设备管理、实验设备使用保养维护、成套工作站的使用维护及管理等。建立一个实验室设备的管理规范,科学合理地使用维护仪器设备,提高仪器的使用效率,确保实验设备正常工作。

第一节　实验室相关设备管理

一、概述

设备管理是以设备为研究对象,追求设备综合效率,应用一系列管理程序、方法、措施等,通过一系列技术、经济、组织措施,对设备的运行和价值运动进行全过程(从规划、选型、购置、安装、验收、使用、保养、维修、改造、更新直至报废)的科学型管理。设备也是实验室运行的物质基础。合理、科学、规范使用和维护设备,保持设备的正常运行及使设备寿命周期内的费用/效益比(即费效比)达到最佳的安全状态与程度,即设备的综合效益最大化,是设备管理的基本目的。

二、管理要求

(一) 实验设备管理

1. 实验室设立单位应制定实验室设备采购、使用、维护和报废的管理程序。

2. 应明确指定实验室设备管理部门,明确其工作制,指定专人负责管理。

3. 设备管理部门应定期组织开展合格供应商评价,建立合格供应商名录。

4. 实验室应采购符合国家相关标准、技术性能和质量可靠、性价比高的设备。

5. 设备投入使用前应有措施保证对设备性能进行确认,并满足实验室安全要求和标准。

6. 大型和尖端精密的设备应指定具有相关能力的专人操作。

7. 实验设备应放置在符合其性能要求的环境条件中。

8. 实验设备应根据安全和专业技术要求进行布置和摆放。

9. 设备管理部门应定期组织开展其检定、检测、校准等,并确保其性能满足安全和专业要求。

10. 实验室设立单位应建立实验相关设备档案,编制唯一性标识,有设备性能状态标识。

11. 不得使用安全处置性能已经存在缺陷或超出规定要求的设备。

12. 当实验设备脱离实验室直接控制,当设备再次发还实验室后,应在使用前对其相关性能进行确认与记录。

13. 对存在潜在生物性污染的设备应有措施保证对其定期采取去污染(消毒)措施。

14. 从事实验设备操作和安装、维修、搬运的相关人员应根据其风险大小,应采取不同等级的个体防护措施。

15. 实验室应对设备存在的潜在风险的部位,进行醒目的标识。

16. 应制订在发生事故或溢洒等情况时,对设备去污染、清洁和消毒与灭菌的专用方案。

17. 应做好设备使用、维护、检定、校准、报废等记录。

18. 应对进入实验室从事设备安装、使用、维修、搬运、高效过滤器更换等人员进行必要的安全防护培训。

(二)生物安全柜管理

1. 实验室设立单位应采购符合国家相关规定和技术标准的产品。

2. 实验室应根据操作的样本类型合理选择符合实验活动风险控制要求和防护等级的生物安全柜。

3. 应要求供应商提供生物安全柜的医疗器械注册证、性能检测证明等资料。

4. 生物安全柜应放置在前窗风幕屏障不受人员、气流影响,符合实验室气流组织的基本原理的位置。

5. 生物安全柜高效过滤器的消毒和更换应具有相关资质和能力的人员进行。

6. 生物安全柜不得随意移动位置,一旦移动后,则需要重新进行性能检测,符合要求后,才能再次投入使用。

7. 生物安全柜如果需要搬离实验室,应先对其进行可靠的消毒,以确保安全。

8. 应正确连接生物安全柜的排风管道,如果是外排式生物安全柜其排风管道不得接入实验室空调通风系统等公共通风管道,排出的气体不得循环使用。

9. 生物安全柜严禁带"病"运行。

10. 实验室应制定生物安全操作的 SOP,严格按照 SOP 进行操作。

11. 实验室应对使用生物安全柜的人员进行必要的操作培训,规范使用生物安全柜。

12. 生物安全柜应定期组织开展性能检测,不符合要求的不得投入使用。

13. 生物安全柜应有可靠的电力供应,确保正常使用。

14. 应规范记录生物安全柜的使用、维护、维修、检测等。

（三）压力灭菌器管理

1. 实验室应按照规定要求配置压力灭菌器,并放置在合理的范围内。

2. 压力灭菌器应采购符合国家标准和具有医疗注册证的产品。

3. 压力灭菌器应采购质量可靠、性能稳定的生物安全型的产品。

4. 不同的消毒物品应采用不同型号和类型的压力灭菌器。

5. 压力灭菌器应有经过培训的专人进行操作。

6. 实验室应制定压力灭菌器的标准操作程序,严格按照规定程序操作。

7. 压力灭菌器应放置在通风、散热好的场所。

8. 洁净物品消毒和实验废物消毒的压力灭菌器应分开使用。

9. 压力灭菌器周围不得放置其他设备和物品。

10. 压力灭菌器应定期检查水位,以避免损坏电热部件。

11. 压力灭菌器应定期对其内部和外表面进行清洁。

12. 对长时间不用的压力灭菌器应定期进行维护性运行,以保持其应有的性能。

13. 放入消毒的物品应保持在合理的位置,避免过量,影响消毒灭菌效果。

14. 每次消毒或灭菌应在合适的位置放入化学指示条。

15. 压力灭菌器应按照规定要求定期进行相关性能检测与检定。

16. 应在表面醒目的位置张贴相关标识。

17. 应定期进行灭菌效果的监测和评价。

18. 每次消毒结束后,应及时做好相关记录,并将化学指示条贴在记录上。

19. 相关记录应及时整理归档。

(四) 洗眼装置管理

1. 实验室应根据要求在合理范围内配置洗眼装置。

2. 实验室可以选用壁挂式或台式等其他类型的洗眼装置。

3. BSL-2 实验室应在入口处设置洗眼装置。

4. 洗眼装置应定期维护,确保正常使用。

5. 洗眼装置应有足够的水压。

6. 应保持洗眼装置干净、整洁和不受污染。

7. 洗眼装置应选用质量可靠的产品。

(五) 喷淋装置管理

1. 实验室应根据需要决定是否需要配置喷淋装置。

2. 实验室应配置符合国家标准和质量要求的喷淋装置。

3. 喷淋装置应设在方便使用的位置。

4. 实验室应定期对喷淋装置进行维护,确保可以正常使用。

5. 喷淋装置应有足够的水压。

6. 喷淋装置附近不得堆放无关的物品,以免妨碍使用。

7. 应对喷淋的水进行收集处理。

第二节 设备使用维护

一、概述

设备的维护保养是实验室设备正常工作的基础。正确使用设备,才能保持设备良好的工作性能,充分发挥设备效率,延长设备的使用寿命,减少和避免突发性故障。正确使用维护有助于仪器设备的质量控制,提高检测结果的质量,从而控制检验质量,带来更大地社会效益和经济效益。

二、管理要求

(一) 生物安全柜配置和安装

1. 实验室应根据开展的实验活动风险合理选择和配置合适类型的生物安全柜。

2. 配置的生物安全柜应符合《二级生物安全柜》(YY 0569—2011) 的性能要求。

3. 生物安全柜应选择质量可靠、性价比高和便于操作的产品。

4. 应要求供应商提供生物安全柜性能检测证明材料。

5. 生物安全柜应安装在受人员、气流及环境因素影响最小的位置。

6. 生物安全柜应放置在实验室的末端(排风口)前侧,不得放置在实验室操作间的中间或入口处等易受干扰的位置。

7. 生物安全柜应根据其防护等级规范安装排风管道,排风管道应独立于实验室其他通风系统,符合安全、密闭、空中排放等要求。

8. 实验室应为安装生物安全柜预设(留)必要的通风管道,其材质和连接方式符合密闭性要求,不得使用易老化、易脱落或破损的塑料制品。

9. 生物安全排风管道不得严重扭曲,妨碍排风,不得将排风管道向下出风。

10. 不得将生物安全柜排风口对准邻近的办公室、人员通道或其他公共活动场所。

11. 生物安全柜的排风管道出风口应设在所在建筑物的楼顶,并高于2m的位置。

12. 生物安全柜排风口应远离新风口,并处在其下风向。

13. 生物安全柜安装时应留出足够的维护和检测距离,如离后壁至少30cm,离顶部天花板至少30cm。

14. 在生物安全柜搬运移动过程中不得将其倾倒或横放,不得进行拆卸。

15. 生物安全柜安装后应进行性能检测,符合要求后才能使用。

16. 应记录和保存相关资料,定期归档保存。

(二) 生物安全柜使用和维护

1. 实验人员操作使用生物安全柜前应经过规范的操作培训。

2. 实验人员应严格遵循生物安全柜操作技术规范。

3. 应保持生物安全柜工作台面等整洁与清洁。

4. 使用生物安全柜前实验人员应按照实验材料清单,准备好所有的实验物品;放入的物品应分类放置(洁净区和污染区)。

5. 使用生物安全柜期间,应保持实验室门、窗处于关闭状态。

6. 在使用生物安全柜期间实验室内尽量避免人员频繁走动。

7. 实验活动前应提前开启生物安全柜运行5~10分钟。

8. 实验人员应根据自身身高调整好坐凳的高度。

9. 生物安全柜前窗玻璃、前窗挡板应调整到合适的高度。

10. 生物安全柜内的物品应分类摆放。

11. 生物安全柜内实验物品应尽量一次性放入,并尽量少放。

12. 生物安全柜内禁止使用明火如酒精灯等。

13. 实验物品和器材不得堵塞前后的风道。

14. 实验人员应避免双臂频繁进出生物安全柜前窗。

15. 实验完成后实验人员应清理实验物品,并及时清洁生物安全柜操作台面。

16. 应定期做好生物安全柜内部和通风管道及高效过滤器的消毒。

17. 生物安全柜高效过滤器的更换应在终末消毒后由专业人员按照规定要求进行更换。

18. 当生物安全柜长时间不使用时,应定期进行维护性运行,运行时间控制在 30 分钟到 1 小时。

19. 当生物安全柜出现故障或位置移动时,应在修复后进行性能检测,符合要求后,才能再次使用。

20. 生物安全柜应有可靠、稳定的电力供应。

21. 生物安全柜的紫外灯定期进行维护、洁净、更换。

22. 生物安全柜应按照相关要求由具有资质的第三方机构进行性能检测,并符合要求,不得"带病"运行。

23. 实验人员应在使用生物安全柜后做好使用记录。

24. 实验室应定期做好生物安全维护和记录。

第三节　临床生化检测工作站使用、维护

一、概述

仪器设备是开展检验检测的必备条件,但是仪器设备如果不正确使用,往往会造成感染性物质的泄漏、个人伤害甚至发生实验室事故,所以实验仪器的正确使用是保全的关键环节之一。临床生化检测工作站主要有全自动生化分析流水线和独立型的生化分析仪等设备形式。全自动生化分析流水线包括从标本前处理、标本检测、标本储存一体化的检测系统,整个标本检验操作过程在相对封闭的环境中完成。全自动生化分析仪测量速度快、准确性高,可模块化组合,现已在各级医疗机构、疾控中心、检验检疫部门、科研机构及第三方检测机构等得到广泛使用。实验室常见的生化检测工作站有 Beckman 系列、Roche 系列、Hitachi 系列、Olympus 系列、Simens 系列和国产迈瑞系列等。

二、生化分析仪的基本原理

生化分析仪是根据光电比色原理来测量体液中某种特定化学成分的仪器,常见的检验项目有肝功能、肾功能、心肌酶谱、脂类、离子类电解质分析等。按照反应装置的结构,自动生化分析仪主要分为流动式、分立式及干化学自动生化分析仪。其中,分立式自动生化分析仪应用最广;干化学自动生化分析仪

由于其方便快捷的优点,目前多用于急诊生化项目的检测。自动化分析仪就是将原始手工操作过程中的取样、混匀、温浴(常见 37℃)检测、结果计算、判断、显示和打印结果及清洗等步骤全部或者部分自动运行。无论是当今运行速度极快的模块式全自动生化分析仪,还是原始手工操作用于比色的光电比色计,其原理都是运用了光谱技术中吸收光谱法,是生化分析仪最基本核心原理。

三、典型的分立式全自动生化分析仪的基本结构

典型的分立式全自动生化分析仪的基本结构如下:

(一)样品系统

样本包括校准品、质控品和患者样品。系统一般由样品装载、输送和分配等装置组成。样品装载和输送的常见类型有:品盘式进样、轨道式进样、链式进样等。

(二)试剂系统

一般由试剂储放和分配加液装置组成。试剂舱常与试剂转盘结合在一起。多数仪器将试剂仓设为冷藏室,以提高在线试剂的稳定性。分配加液装置负责将试剂加入反应杯中。

(三)反应系统

反应系统包括反应盘、混合装置、温控装置等。

(四)清洗系统

在程序控制下,对样本针和搅拌棒以及反应比色杯进行自动清洗。反应比色杯清洗装置一般由吸液针、吐液针和擦拭刷等组成。

(五)光学系统

传统的光学系统普遍采用前分光,现代的光学系统多采用后分光测量技术。后分光的优点是不需移动仪器的比色系统中的任何部件,可同时选用双波长和多波长进行测定。

(六)试剂、样品的条形码识别和程序控制系统

试剂、样本条形码的使用可以大大减少错误的发生率。计算机是自动生化分析仪的大脑,标本、试剂的注加,条形码的识别,温控系统,清洗系统,结果打印,质控结果的监测,各种故障的报警都是由计算机控制完成的。自动生化分析仪均采用程序控制的自动分析。

四、设施和环境条件

根据《CNAS-CL02-A003:2018 医学实验室质量和能力认可准则在临床化学检验领域的应用说明》要求,实验室应开展安全风险评估,如果设置了不同

的控制区域,应制定针对性的防护措施及相应的警示。用以保存临床样品和试剂的设施应设置目标温度和允许范围,并记录。实验室应有温度失控时的处理措施并记录。患者样品采集设施应将接待/等候和采集区分隔开。同时,实验室的样品采集设施也应满足国家法律法规或者医院伦理委员会对患者隐私保护的要求。应依据所用分析设备和实验过程对环境温湿度的要求(可参见仪器设备说明书),制定温湿度控制要求并记录。应依据用途(如:试剂用水、生化仪用水),制定适宜的水质标准(如:电导率、微生物含量等),并定期检测。必要时,可配置不间断电源(UPS)和/或双路电源以保证关键设备(如需要控制温度和连续监测的分析仪、培养箱、冰箱等)的正常工作。

五、人员要求

自动生化分析仪的操作人员应具有检验专业技术职称,并经过与所操作仪器相关的专门技术培训,且技术考核合格。操作人员应掌握分析仪器的校准、参数设定、试剂准备、装载样本、日常维护等常规操作技能。只有经过实验室负责人授权的技术人员才可独立操作仪器。

生化分析仪的操作人员还应学习实验室生物安全防护知识。全自动生化分析流水线包括从标本前处理、标本检测、标本储存一体化的检测系统,整个标本检测操作过程在相对封闭的环境中完成,生物安全风险相对较小,适合规模较大的医院和检验检测单位使用。规模较小的单位可选用独立的或单机版的生化分析仪,其中标本的离心、上样往往需人工完成,存在一定的标本离心开盖和吸样时气溶胶污染等生物安全风险,必要时可在生物安全柜内进行离心开盖和人工吸样等操作。

六、操作规程

实验室应编写生化分析仪器的开关机、上机操作、校准和质控、维护保养等仪器操作的标准操作规程(SOP),操作人员应能方便地得到有关设备的现行有效的SOP。

实验室应制定相应校准程序,规定仪器和检测项目的校准方法、使用的校准品种类、来源及数量、校准间隔、校准验证标准等。试验人员应该记录每次校准的数据,包括校准时间、试剂空白、校准 k 值等,并从中寻找规律,不断完善校准程序,使之更加实用和有效。

实验室应制定相应质控程序,规范做好室内质控,保证检验检测质量。

七、保养维护

生化分析仪的保养维护直接关系着日常工作顺利进行,影响着检测结果的准确性。按照仪器说明书的要求,制定完善的仪器维护保养程序并严格执行,是仪器安全、有效运行的保证,从而保持仪器长期的优良性能。根据生化分析仪器生产厂家、型号的不同,维护保养程序有所不同,按仪器规定或实际需要选择性做好相应的日、周、月、季、半年及年度维护保养工作。仪器使用者必须认真遵守操作规程,并做好仪器设备使用记录,定期维护仪器设备。

仪器运行状态标识清晰,常用绿卡"正常使用"、黄卡"暂停使用"、红卡"停止使用"等来区别显示仪器不同的运行状态。

八、废液管理

根据《医疗卫生机构医疗废物管理办法》,医疗垃圾主要分为感染性废物、病理性废物、损伤性废物、药物性废物及化学性废物。生化分析仪检测过程中产生的常见废液主要为少量的血清、血浆和其他体液与大量的生化检测试剂反应后的产物,可按照感染性废物处理,最后排入医院专用的污水管路(不得排入雨水管)集中消毒处理。若有特殊的化学性废物产生,则需单独收集,统一交由专业公司集中处理。

九、生化仪的清洁、消毒和去污染化

生化仪的日常清洁、消毒应遵循先清洁再消毒的原则,应根据环境表面和污染程度选择适宜的清洁剂。仪器设备表面进行清洁与消毒时,应参考仪器设备说明书,关注清洁剂与消毒剂的兼容性,选择适合的清洁与消毒产品。有明确病原体污染的环境表面,应根据病原体抗力选择有效的消毒剂,消毒产品的使用按照其使用说明书执行。消毒剂的选择参考《医疗机构环境表面清洁与消毒管理规范》(WST 512—2016)执行。无明显污染时可采用合适的消毒湿巾进行清洁与消毒;也可选择含氯消毒液,对于一般的去污染可用有效氯含量 400~700mg/L 的含氯消毒液擦拭,作用时间大于 10 分钟;严重污染可用有效氯含量 2 000~5 000mg/L 的含氯消毒液擦拭,作用时间大于 30 分钟。含氯消毒液分非金属型和金属型,其中非金属含氯消毒液对仪器设备的金属面板有一定的腐蚀性,建议消毒半小时后用清水再次擦拭以减少残留消毒剂的腐蚀性。实施清洁与消毒时应做好个人防护,工作结束时应做好手卫生与人员卫生处理。在日常操作和维修维护时应按操作规程处理,小心皮肤等被吸样针扎伤。

生化仪有需要维修、报废或移出实验室的实验设备应事先进行去污染化处理,相关处理人员需穿戴适当的个体防护装备。实验室实验设备的消毒去污染工作难度大,应参考仪器设备说明书,根据实验设备的结构、特点和污染程度及污染物质的性质,制订可行的去污染方案,确保实验设备不受破坏又达到去污染目的。

第四节 临床免疫检测工作站使用管理

一、概述

仪器设备是开展检验检测的必备条件,但是仪器设备如果不正确使用,往往会造成物质的泄漏、个人伤害甚至发生实验室感染,所以实验仪器的正确使用是保全的关键环节之一。临床免疫检测工作站按检测设计原理划分为自动免疫比浊分析仪、化学发光免疫分析仪和荧光免疫分析仪等大类。

二、免疫测定基本原理和方法

免疫测定是指利用抗原抗体特异性结合反应的特点来检测标本中微量物质的方法。任何物质只要能获得相应的特异性抗体,即可用免疫学方法进行检测,免疫测定的应用范围不仅是具有免疫原性的物质,而是遍及检验医学的各个领域。可测定物质有免疫球蛋白及其片段、单个补体成分、细胞因子及其受体、细胞黏附分子及其配体、微生物抗原成分及相应抗体、血液中多种凝血因子、酶及同工酶、小分子激素及多肽、肿瘤标志物、药物及成瘾性药品(毒品)等。各种自动化免疫分析仪在设计原理中都使用了一种或多种新的免疫分析基本技术,如酶免疫分析、生物素 - 亲和素技术、荧光免疫分析和化学发光技术等。通过这些新技术的运用,使免疫检测手段更加先进、方法更加可靠、测定更快速、结果更准确,使检测灵敏度达到 ng 或 pg 水平,特别对心肌标志物、内分泌激素、血浆特定蛋白、肿瘤标志物、维生素和治疗药物浓度等的快速测定起了重要作用。

三、免疫分析仪的基本结构

各种自动化免疫分析仪的仪器结构都有共同的特点,主要由主机系统和计算机系统两大部分组成。自动化仪器在设计思路上为了保证对检测微量样本、小分子多肽或蛋白质的敏感性、准确性,设计中主要采用的技术指标有以下几点:①检测用抗体必须具有高特异性和高亲和力;②通常采用磁性微球作为固相载体,增加反应面积;③最常使用生物素 - 亲和素包被、酶 - 发光底物、酶 - 荧光底物、元素 - 化学发光和元素 - 荧光系统等放大抗原抗体的反应信号;④结合计算机软件系统自动处理分析信号及数据转换;⑤人工智能化的设计、自动检测及校对功能等。

四、设施和环境条件

根据《CNAS-CL02-A004:2018 医学实验室质量和能力认可准则在临床免疫学定性检验领域的应用说明》要求,实验室应开展安全风险评估,如果设置了不同的控制区域,应制定针对性的防护措施及合适的警告。用以保存临床样品和试剂的设施应设置目标温度和允许范围,并记录。实验室应有温度失控时的处理措施并记录。患者样品采集设施应将接待/等候和采集区分隔开。同时,实验室的样品采集设施也应满足国家法律法规或者医院伦理委员会对患者隐私保护的要求。应依据所用分析设备和实验过程对环境温湿度的要求,制定温湿度控制要求并记录。应有温湿度失控时的处理措施并记录。应依据用途(如:试剂用水、免疫分析仪用水)制定适宜的水质标准(如:电导率、微生物含量等),并定期检测。必要时,实验室可配置不间断电源(UPS)和/或双路电源以保证关键设备(如需要控制温度和连续监测的分析仪、培养箱、冰箱等)的正常工作。

五、人员要求

自动免疫分析仪的操作人员应具有检验专业技术职称,操作人员应掌握分析仪器的校准、参数设定、试剂准备、装载样本、日常维护等常规操作技能。实验室应指定专人负责仪器的维护工作。只有经过实验室负责人授权的技术人员才可独立操作仪器。

免疫分析仪的操作人员还应学习实验室生物安全防护知识。全自动免疫分析流水线包括从标本前处理、标本检测、标本储存一体化的检测系统,整个标本检测操作过程在相对封闭的环境中完成,生物安全风险相对较小,适合规模较大的医院和检验检测单位使用。规模较小的单位可选用独立的或单机版的免疫分析仪,其中标本的离心、上样往往需人工完成,存在一定的标本离心开盖和吸样时气溶胶污染等生物安全风险,需加以防范,必要时可在生物安全柜内进行离心开盖和人工吸样等操作。

六、操作规程

临床免疫学检验常用分析仪器的标准操作程序,包括酶联免疫分析系统、化学发光免疫分析系统、时间分辨荧光免疫分析系统和特定蛋白分析系统的操作、校准、维护保养及性能验证程序等内容。

实验室应编写免疫分析仪器的开关机、上机操作、校准和质控等仪器操作的标准操作规程(SOP),对所有使用仪器进行的检测项目应建立相应的 SOP,操作人员应能方便地得到有关设备的现行有效的 SOP。仪器使用者必须认真遵守操作规程,并做好仪器设备使用记录,定期维护仪器设备。

实验室应制定相应校准程序,规定仪器和检测项目的校准方法,使用的校准品种类、来源及数量、校准间隔、校准验证等。试验人员应该记录每次校准的数据,包括校准时间、试剂空白、校准因子等,并从中寻找规律,不断完善校准程序,使之更加实用和有效。

实验室应制定相应质控程序,规范做好室内质控,保证检验检测质量。

七、保养维护

免疫分析仪的保养维护直接关系着日常工作顺利进行,影响着检测结果的准确性。按照仪器说明书的要求,制定完善的仪器维护保养程序并严格执行,是仪器安全、有效运行的保证,从而保持仪器长期的优良性能。根据免疫分析仪生产厂家、型号的不同,维护保养程序有所不同,按仪器规定或实际需要选择性做好相应的日、周、月、季、半年及年度维护保养工作。

仪器运行状态标识清晰,常用绿卡“正常使用”、黄卡“暂停使用”、红卡“停止使用”等来区别显示仪器不同的运行状态。

八、废液管理

根据《医疗卫生机构医疗废物管理办法》,医疗垃圾主要分为感染性废物、病理性废物、损伤性废物、药物性废物及化学性废物。免疫分析仪检测过程中产生的常见废液主要为少量的血清、血浆和其他体液与大量的免疫检测试剂反应后的产物,可按照感染性废物处理,最后排入医院专用的污水管路(不得排入雨水管)集中消毒处理。若有特殊的化学性废物产生,则需单独收集,统一交由专业公司集中处理。

九、免疫分析仪的清洁、消毒和去污染化

免疫分析仪的日常清洁、消毒应遵循先清洁再消毒的原则,应根据环境表面和污染程度选择适宜的清洁剂。仪器设备表面进行清洁与消毒时,应参考仪器设备说明书,关注清洁剂与消毒剂的兼容性,选择适合的清洁与消毒产品。有明确病原体污染的环境表面,应根据病原体抗力选择有效的消毒剂,消毒产品的使用按照其使用说明书执行。消毒剂的选择参考《医疗机构环境表面清洁与消毒管理规范》(WST 512—2016)执行。无明显污染时可采用合适的消毒湿巾进行清洁与消毒;也可选择含氯消毒液,对于一般的去污染可用有效氯含量 400~700mg/L 的含氯消毒液擦拭,作用时间大于 10 分钟;严重污染可用有效氯含量 2 000~5 000mg/L 的含氯消毒液擦拭,作用时间大于 30 分钟。含氯消毒液分非金属型和金属型,其中非金属含氯消毒液对仪器设备的金属

面板有一定的腐蚀性,建议消毒半小时后用清水再次擦拭以减少残留消毒剂的腐蚀性。实施清洁与消毒时应做好个人防护,工作结束时应做好手卫生与人员卫生处理。在日常操作和维修维护时应按操作规程处理,小心皮肤等被吸样针扎伤。

免疫分析仪有需要维修、报废或移出实验室的实验设备应事先进行去污染化处理,相关处理人员需穿戴适当的个体防护装备。实验室实验设备的消毒去污染工作难度大,应参考仪器设备说明书,根据实验设备的结构、特点和污染程度及污染物质的性质,制订可行的去污染方案,确保实验设备不受破坏又达到去污染目的。

第五节　微生物实验室自动化检测设备管理

一、概述

仪器设备是开展检验检测的必备条件,但是仪器设备如果不正确使用,往往会造成物质的泄漏、个人伤害甚至发生实验室感染,所以实验仪器的正确使用是保全的关键环节之一。微生物自动分析系统主要用于鉴定细菌、真菌等微生物的种属并可同时做抗菌药物敏感性试验,以提供临床正确的病原学诊断及治疗的依据。医院、疾病控制中心和科研院校常见的微生物实验室自动化检测设备主要为微生物鉴定、药敏分析系统和血培养分析系统。近年来,随着微生物检测自动化和新技术的发展,也出现了细菌、真菌等标本接种系统、微生物质谱分析系统等。

二、全自动微生物鉴定和药敏系统

1. 全自动微生物鉴定和药敏系统中较有代表性的如法国生物梅里埃的 VITEK 系统、美国 BD 公司的 PHOENIX 系统等。

2. 以 VITEK 系统为例,全自动微生物鉴定和药敏系统可做各种细菌和真菌的鉴定和药敏试验,包括各种肠杆菌科细菌、非发酵菌、革兰氏阳性球菌、革兰氏阴性球菌、厌氧菌和酵母样真菌等。VITEK 系统主要由充填机/封口机(样本注入试验卡中及封口)、读取器/恒温箱(读取卡片内样本在培养介质内生长变化值,温度恒定为 35℃)、电脑主机(分析资料的储存)、终端机(输入操作指令,显示试验结果)等构成。VITEK 系统提供与仪器配套的各种商品化的鉴定和药敏测试卡。操作方法:先由稀释分装器提供定量盐水,稀释准备好的待测细菌悬液,每个卡上的孔径接种后封闭,立即将鉴定卡放入读取器/恒温箱,于 35℃左右进行孵育,同时卡被一系列的发光两极管及光电晶体管检测器作光扫描,每隔 1 小时重复 1 次卡的测读,并将结果记录在磁盘上和预定的阈值进行比较,然后于 4~13 小时内,通过数据终端自动显示于显示屏上并打印出结果。

三、血培养系统

1. 自动血培养检测系统的基础大多是检测细菌和真菌生长时所释放的二氧化碳(CO_2)作为血液中有无微生物存在的指标。检测的技术有放射标记、颜色变化(CO_2 感受器)和均质荧光技术等。全自动血培养系统中较有代表性的如法国生物梅里埃的 BACT/ALERT 系统、美国 BD 公司的 BACTEC FX 系统等。

2. 全自动血培养系统提供商品化的各种各类的血培养瓶以适应临床和科研等的各类需求,有需氧菌瓶、厌氧菌瓶、分枝杆菌瓶、中和抗生素瓶和小儿专用瓶等。

3. 检测系统与恒温孵育器合二为一,连续、自动地监测血培养瓶中 CO_2 的产生情况,所测得的信号传送至电脑分析。一旦出现阳性结果,电脑自动发出警报,指示阳性瓶的位置,并显示出现阳性的时间等。

四、设施和环境条件

根据《CNAS-CL02-A005:2018 医学实验室质量和能力认可准则在临床微生物学检验领域的应用说明》要求,实验室内照明宜充足,避免阳光直射及反射,如可能,可在实验室内不同区域设置照明控制,以满足不同实验的需要。应有可靠的电力供应和应急照明。患者样品采集设施应将接待/等候和采集区分隔开。同时,实验室的样品采集设施也应满足国家法律法规或者医院伦理委员会对患者隐私保护的要求。应依据所用分析设备和实验过程的要求,制定环境温湿度控制要求并记录。应有温湿度失控时的处理措施并记录。必要时,实验室可配置不间断电源(UPS)和/或双路电源以保证关键设备(如需要控制温度和连续监测的分析仪、培养箱、冰箱等)的正常工作。

五、人员要求

微生物自动化检测设备的操作人员应具有检验专业技术职称,操作人员应掌握微生物分析仪器的参数设定、试剂准备、装载样本、日常维护等常规操作技能。实验室应指定专人负责仪器的维护工作。只有经过实验室负责人授权的技术人员才可独立操作仪器。

微生物分析仪的操作人员还应学习实验室生物安全防护知识,根据风险评估,做好个人操作时的生物安全防护。微生物鉴定和药敏系统相对封闭,与纯手工的细菌真菌的鉴定和药敏操作相比,生物安全风险降低,但其中标本的离心、待检菌的悬液制备往往需人工完成,仍存在一定的微生物气溶胶和细菌直接接触污染等生物安全风险,这类操作应在生物安全柜内进行。

六、操作规程

实验室应编写微生物分析仪器的开关机、上机操作、校准和质控等仪器操作的标准操作规程(SOP),对所有使用仪器进行的检测项目应建立相应的SOP,操作人员应能方便地得到有关设备的现行有效的SOP。仪器使用者必须认真遵守操作规程,并做好仪器设备使用记录,定期维护仪器设备。

实验室应制定相应质控程序,规范做好室内质控,保证检验检测质量。

七、保养维护

实验室应建立对微生物分析仪器和系统进行维护和性能检查、验证的程序文件,应按照生产厂商的要求或实验室已建立的方案对仪器进行维护和检查,并做相应记录。

微生物检测仪的保养维护直接关系着日常工作顺利进行,影响着检测结果的准确性。按照仪器说明书的要求,制定完善的仪器维护保养程序并严格执行,是仪器安全、有效运行的保证,从而保持仪器长期的优良性能。根据微生物检测仪生产厂家、型号的不同,维护保养程序有所不同,按仪器规定或实际需要选择性做好相应的日、周、月、季、半年及年度维护保养工作。

仪器运行状态标识清晰,常用绿卡"正常使用"、黄卡"暂停使用"、红卡"停止使用"等来区别显示仪器不同的运行状态。

八、微生物检测废物管理

根据《医疗卫生机构医疗废物管理办法》,医疗垃圾主要分为感染性废物、病理性废物、损伤性废物、药物性废物及化学性废物。微生物检测过程中产生的废物主要为血液、呼吸道标本、其他体液标本、粪便标本、各类培养基和菌株等,需严格按感染性废物处理,需在实验室进行高压灭菌或浸泡消毒灭菌处理后才可交给医院或单位医疗废物集中统一处理。

微生物检测过程中使用的各类细菌染色试剂(若含苯或醚等时),可按化学性废物处理,经密闭容器收集后统一由专业公司处理。

九、微生物检测仪的清洁、消毒和去污染化

微生物检测仪日常清洁、消毒应遵循先清洁再消毒的原则,应根据环境表面和污染程度选择适宜的清洁剂。仪器设备表面进行清洁与消毒时,应参

考仪器设备说明书,关注清洁剂与消毒剂的兼容性,选择适合的清洁与消毒产品。有明确病原体污染的环境表面,应根据病原体抗力选择有效的消毒剂,消毒产品的使用按照其使用说明书执行。消毒剂的选择参考《医疗机构环境表面清洁与消毒管理规范》(WST 512—2016)执行。无明显污染时可采用合适的消毒湿巾进行清洁与消毒;也可选择含氯消毒液,对于一般的去污染可用有效氯含量 400~700mg/L 的含氯消毒液擦拭,作用时间大于 10 分钟;严重污染可用有效氯含量 2 000~5 000mg/L 的含氯消毒液擦拭,作用时间大于 30 分钟。含氯消毒液分非金属型和金属型,其中非金属含氯消毒液对仪器设备的金属面板有一定的腐蚀性,建议消毒半小时后用清水再次擦拭以减少残留消毒剂的腐蚀性。实施清洁与消毒时应做好个人防护,工作结束时应做好手卫生与人员卫生处理。在日常操作和维修维护时应按操作规程处理,小心皮肤等被吸样针扎伤。

微生物检测仪有需要维修、报废或移出实验室的实验设备应事先进行去污染化处理,相关处理人员需穿戴适当的个体防护装备。实验室实验设备的消毒去污染工作难度大,应参考仪器设备说明书,根据实验设备的结构、特点和污染程度及污染物质的性质,制订可行的去污染方案,确保实验设备不受破坏又达到去污染目的。

第七章

危险材料管理

危险材料一般包括有毒有害危险化学品、放射性材料、生物样本和菌(毒)种等,是产生安全事件的主要因素,也是实验室的主要风险源。这里所指的危险材料的管理是包含单位内部和涉及的单位外部的管理,如生物样本和菌(毒)种的外部运输等。危险材料的管理应包含采购申请、验收入库、采集包装、使用保存,到销毁、转运等全过程的风险控制。因此,实验室设立单位应制定相关管理程序,制定专门部门和人员负责管理,同时应按照规定规范操作,安全使用,有效控制,确保安全。

第一节　实验废物安全处置

一、概述

实验废物是生物安全风险控制的重点环节,尤其是感染性废物的处置尤为重要。实验废物根据其形态可分为液体废物、固体废物及废弃。医疗废物一般根据《医疗废物分类目录》(卫医发〔2003〕287号)将其分为感染性废物、病理性废物、损伤性废物、药物性废物和化学性废物。

实验废物应严格按照《医疗废物管理条例》和《医疗卫生机构医疗废物管理办法》有关规定,进行规范处置。处置应遵循集中、统一、安全和无害化的原则。针对不同的废物应采取不同的要求进行处理,未经有效处置的废物,不得移出实验室。实验室废物应采用规定的包装和标识。

二、管理要求

1. 实验室废物安全处置应包括收集、运送、贮存、处置以及监督管理等全流程管理。

2. 实验室应依据中华人民共和国国务院令(第 380 号)〔2003〕《医疗废物管理条例》、中华人民共和国卫生部令第 36 号〔2003〕《医疗卫生机构医疗废物管理办法》、卫法监发〔2002〕282 号《消毒技术规范》、卫医发〔2003〕287号关于印发《医疗废物分类目录》的通知、HJ421-〔2008〕《医疗废物专用包装袋、容器和警示标志标准》,依法依规做好实验室废物的安全处置,防止意外事故的发生,避免实验室内感染或潜在感染性生物因子对实验室工作人员、环境和公众造成危害。

3. 实验室废物的处置应遵循依法处置、分类处置、安全可靠、标识清晰、包装运输规范、专人负责的原则,并在拿出实验室前先进行必需的消毒灭菌等无害化处理。

4. 实验室废物管理的责任人为实验室负责人,实验室所在机构的实验室废物管理责任人为单位法人。实验室废物应交具有废物处置资质的机构进行处置,实验室所在机构应对废物处置机构的资质进行审核。

5. 实验室废物管理应纳入实验室安全委员会工作范畴,实验室体系文件中应包含实验室废物安全处置相关内容。实验室应制定废物安全处置规章制度、工作流程和要求,以及发生废物流失、泄漏、扩散和意外事故的应急方案。

6. 实验室应对废物进行分类管理,有废物分类收集方法的示意图或者文字说明,按照原卫生部、原国家环保总局颁布的《医疗废物分类目录》进行分类。

医疗废物专用警示标识见图 7-1(黄底黑字):

图 7-1　带警告语的警示标识

7. 实验室有专人负责废物的分类收集、根据要求就地无害化处置、暂时贮存等工作的落实;废物转运有交接登记,交接登记记录按要求至少保存三年。各实验室产生感染性废物后立即分类放入相应的专用容器。包装物或者容器无破损;固体废物不撒落、液体不渗漏;放入包装物或者容器内的废物不得取出。实验室感染性废物放入专用黄袋,放射性废物放入专用红袋,实验室损伤性废物放入锐器盒。

8. 实验室感染性废物和生活垃圾分类收集,发生混装时按实验室感染性废物处理。在实验室污染区产生的试剂盒外包装应作为实验废物处理。实验室感染性废物包装袋或锐器盒外表面被污染时,必须对被污染处进行消毒,包装袋外再加一层包装,锐器盒可放入大一号锐器盒或加一层黄色废物袋。实验室感染性废物中含病原体的培养基、标本和菌种、毒种保存液等高危险废物,应先进行压力蒸汽灭菌或者化学消毒剂消毒处理后,再按照实验室感染性废物收集处置。

9. 严禁使用破损的包装容器,严禁包装容器超量盛装,各废物产生实验室负责打包、贴上标签,标明产生机构名称、产生日期、类别及需要特别说明的内容等。各部门固定实验室感染性废物的收集位置,特殊实验室废物如放射性废物、感染性废物、易燃易爆废物的存放间或柜需贴上标识并上锁。实验室废物暂存点门口无障碍物,张贴医疗废物警示标识和"禁止吸烟、饮食"的警示标识,禁止非相关人员进入。地面和墙壁易于清洁和消毒,房间有防渗漏、防鼠、防蚊蝇、防蟑螂、防盗、防非工作人员接触等安全措施。病理性废物应当具备低温贮存或防腐条件。

10. 实验室废物收集人员上门收集,核对实验室废物数量,将标识、标签及封口符合要求的废物袋放入转运箱并封口,贴好标签,与实验室专人进行双签名。按固定路线转运至暂存点。运送工具应及时进行清洁和消毒。

11. 实验室所在机构应负责对员工定期体检,为进行废物收集、转运和处置的员工提供必要的个人安全防护用品。

12. 实验室应开展实验废物安全处置培训。负责有关医疗废物登记和档案资料的管理。废物运送工具的清洁、消毒和暂存点的管理。

13. 实验室有废物意外泄漏时启用应急处理流程,并定期演练。实验室废物发生流失、泄漏、扩散等意外事故时应及时采取应急措施,并启动意外事故应急预案。对致病人员提供医疗救护和现场救援工作,并向发生地点的科室负责人报告,向机构管理部报告。应急处置结束后,单位管理部门应对事件的起因进行调查,发生事故的部门协助做好调查,查清事故原因,总结教训,制定今后的预防措施,必要时修订相关体系文件。

第二节　危险化学品使用管理

一、概述

危险化学品是指具有毒害、腐蚀、爆炸、燃烧、助燃等性质,对人体、设施、环境具有危害的化学品。当前随着各类实验室教学、科研、检测等工作不断进步,实验室内危险化学品也呈现多样化、复杂化和多变性等特点,极大地增加了管理难度,而工作人员在开展实验的同时不可避免地接触到各类易燃、易爆、腐蚀、有毒的危险化学品。为加强危险化学品安全管理,维持正常的实验室工作秩序,保障实验室内人身和财产的安全,保护环境,特制定本规范。

本规范涉及的危险化学品,是指原国家安全生产监督管理总局等 10 部门联合公布的《危险化学品目录(2015 版)》中所有的 2 828 类目的剧毒化学品与危险化学品、原国防科工委、公安部制定的《民用爆炸物品品名表》中的爆炸品、国务院公布的《易制毒化学品的分类和品种目录》中的易制毒化学品、公安部公布的《易制爆危险化学品名录(2017 年版)》中的易制爆化学品;其中剧毒品、爆炸品、易制毒化学品、易制爆化学品属于管制类危险化学品,其他属一般危险化学品。

本规范主要用于危险化学品的采购、验收、存放、领用、使用和处置的全过程管理。其中管制类危险化学品实行"五双管理",即双人验收、双人保管、双人领取、双把锁、双本账。

二、管理要求

(一) 采购管理

1. 危险化学品购置前须经相应审批程序方可进入采购程序,其中使用管制类危险化学品的实验室须具有相应使用资质方可购置。

2. 必须向有资质供应商购置危险化学品。

(二) 验收管理

1. 危险化学品库房管理员应对购进的危险化学品进行现场验收,包括:检查包装的完好性;标签、标志是否相符、完整;物品规格、数量是否与订单相符等。管制类化学品须有采购人现场参与验收。

2. 若发现与订单信息不符、包装破损等情况,验收不予通过,并及时联系采购部门进行处理。验收完成后方可入库,同时做好台账和记录。

(三) 存放管理

1. 危险化学品应按有关安全规定存放在条件完备的专用仓库、专用场地或专用储存室（柜）内，根据危险物品的种类和性质，设置相应的通风、防爆、防漏、泄压、防火、防雷、报警、灭火、防晒、调湿、消除静电、防护围堤等安全设施，并明确专人管理。存放管制类危险化学品的储存柜应实行双人双锁保管。

2. 危险化学品应当标识明确，分类分项存放。对于遇火、遇潮容易燃烧、爆炸或产生有毒气体的危险化学品，不得在露天、潮湿、漏雨和低洼容易积水地点存放；对于受阳光照射容易燃烧、爆炸或产生有毒气体的危险化学品，桶装、罐装等易燃液体、气体，应当在阴凉通风地点存放；对于化学性质或防火、灭火方法不兼容的危险化学品，不得在同一仓库或同一储存室存放。

3. 危险化学品管理员应定时对危险化学品进行清查和监管，对危险化学品出入库情况进行账、物核对，确保无误。

（四）领用管理

1. 危险化学品管理员应严格执行出库管理制度，领用审批手续必须完备才能予以发放。

2. 领用人员应遵循"用多少，领多少"的原则，按需领用危险化学品，领用量原则上不超过一周的使用量，严禁使用部门超量储存。

（五）使用管理

1. 使用人员要严格执行危险化学品安全管理各项规定，遵守各项安全制度和指导书，安全使用、安全操作，并掌握事故应急措施。

2. 使用危险化学品的操作人员必要时应佩戴适合的防护用品和器具。危险化学品使用场所应配置保护装置和报警系统。

（六）废弃物处置管理

1. 危险化学品使用后的废弃物应按要求分类收集、安全存放，及时转交给专业处置单位，不得大量囤积。严禁随意排入下水道以及任何水源，严禁乱丢乱弃、堆放在走廊、过道以及其他公共区域，严禁混放在生活垃圾中。危化品废弃物暂存处严禁明火，实施 24 小时实时监控。

2. 危险化学品使用过程中产生的废气、废液、废渣、粉尘等如有利用价值应尽可能回收利用。

3. 对于使用后多余的、新产生的或失效（包括标签丢失、模糊）的危险化学品废弃物，使用人负责将各类废弃物品分类收集（严禁将有混合危险的物质放在一起）、贴好标签，定期交送给专业的废弃物处置单位。

4. 高浓度的无机废液经中和、分解破坏等处理，确认安全后方能倒入废液桶；低浓度的洗涤废水和无害废水可通过下水道进入废水处理系统，但排放时其有害物质浓度不得超过国家和环保部门规定的排放标准。

5. 对于使用过程中产生有毒、有害、有味气体的场所，首先应采取措施进行有效地吸附、吸收、中和等处理，并安装吸附型或分解型的通风柜，最终废气排放时应达到国家相关排放标准。

6. 对于剧毒化学品或无法直接由处置单位处置的废弃物,使用者应优先考虑采用科学、安全的方法进行无害化处理,转变成可处置的化学废弃物后再移交。

第三节 实验动物尸体及废弃物处置

一、概述

实验动物尸体及废弃物主要是指动物实验过程中产生的实验动物尸体、组织、血液、标本以及排泄物与污染物等。为规范实验动物尸体及废弃物处置,减少环境污染,维护公共安全,根据《实验动物管理条例》《浙江省实验动物管理办法》以及《T/CALAS 7—2017 实验动物 动物实验生物安全通用要求》等相关要求,实验动物尸体及废弃物等应当经无害化处理,防止污染环境,严格禁止将使用后的实验动物流入消费市场。

二、管理要求

1. 实验废弃物、动物尸体和饲养动物产生的废弃物均属医疗废弃物,必须由法定专业单位处理,应同法定专业单位签订处理合同。

2. 单位由专人负责定时进行管理和处理,并设立专用冰柜存放。

3. 单位工作人员应与废弃物处理公司确定交接时间和地点,实行手对手交接。

4. 废弃物应按废弃物处理公司要求包装后进行交接,并进行记录,双方签字。

5. 工作人员每日应检查废弃物存放冰柜运行状态,如发现问题及时上报。

6. 冰柜内存放的废弃物不应超过 2/3,超过应及时联系废弃物处理公司运出。

第八章

实验室感染控制与消毒管理

感染控制是生物安全管理的最重要内容之一,关系到实验室工作人员和其他相关人员的健康与安全。感染风险的控制涉及人员的规范操作、硬件设施和设备的配备、危险材料的安全管理、实验废物的安全处置和个体防护装备的科学使用等各个方面。实验室设立单位、医疗卫生机构等应指定专业部门和人员承担感染控制工作,合理规划和布局实验室和相关科所,正确配备必要的生物安全设施设备和个人防护用品,通过规范操作、及时消毒和去污染、加强监督管理等综合措施预防和控制。

第一节 实验室感染控制

一、概述

实验室感染是指检验人员和辅助人员在采样、检测和其他相关活动过程中,因违反实验室生物安全管理制度、操作规程和生物安全防护原则或缺乏必要的安全设施设备、个人防护装备等原因而造成被检测或处理的致病性微生物感染,并导致可能发病的事件。

生物安全管理的最主要目的是防止人员感染和病原微生物的扩散。实验室管理层和实验室负责人应切实做好感染控制工作,重视实验室建设和布局、配备必要的生物安全设施和个人防护设备、建立健全生物安全管理体系并有效运行。

二、管理要求

1. 实验室应根据《生物安全实验室建设技术规范》(GB 50346—2011)、

《实验室生物安全通用要求》(GB 19489—2008)、《病原微生物实验室生物安全通用准则》(WS 233—2017)、《病原微生物实验室生物安全标识》(WS 589—2018)等要求建造和改建实验室,合理布局,并配备正确的生物安全设施设备和其他检验检测设备,确保在硬件上符合不同等级的生物安全实验室要求。

2. 按照《实验室生物安全通用要求》(GB 19489—2008)、《病原微生物实验室生物安全通用准则》(WS 233—2017)、《医疗废物管理条例》《医疗卫生机构医疗废物管理办法》《可感染人类的高致病性病原微生物菌(毒)种或样本运输管理规定》《人间传染的病原微生物名录》等要求,建立完善的生物安全管理体系,明确实验室感染控制负责人、管理部门以及各类人员的职责,便于遵照执行。生物安全管理体系应包括病原微生物实验活动的风险评估和控制程序、实验室设施设备配备要求、个人防护用品的正确使用、菌(毒)种和生物样本的管理、工作人员及相关人员的健康监护、规范的消毒灭菌程序等。

3. 实验室工作人员和相关人员应严格按照生物安全管理体系和技术规范、操作规程要求开展实验活动,并做好个人防护,确保安全。

4. 实验室应明确病原微生物实验活动的实验室生物安全等级,指定实验活动的负责人和安全监督员。所有实验活动均应在与其防护级别相适应的生物安全实验室内开展。

5. 实验室应将感染控制要求纳入所有实验室工作人员的培训和考核计划中,确保其掌握与实验活动相符合的感染控制技术、操作规程和安全防护能力。

6. 实验室标识应规范、明确、醒目,根据实验室活动特点正确张贴生物危险标识,注明危险因子、生物安全实验室级别、实验场所负责人姓名和可随时联系的电话。有特殊要求的实验室应有进入和离开实验室的程序并公示。

7. 实验室应建立病原微生物实验材料清单,根据新增实验活动情况随时进行增补,定期对病原微生物清单进行核查。病原微生物的采集、运输和保存均要求遵守相关规定。

8. 按照要求开展实验活动风险评估,对识别出的风险及时控制。

9. 实验室的安全防护设施设备应正确使用和维护,有日常监测并记录,确保能正常运转。

10. 实验室应有个人防护用品清单,根据实验活动特点正确配备足够的个人防护用品,培训、督导实验人员正确使用。对有个人使用参数要求的防护用品应有记录并定期检测。

11. 实验室应有环境清洁消毒工作流程,根据实验活动特点对实验环境包括空气、物表等的病原微生物污染情况进行监测并记录。

12. 实验室应建立实验人员健康档案,根据实验人员工作特点制订健康监测计划,做好预防接种和健康监测,根据规定要求保存工作人员入岗前的本底血清样本。

13. 实验室应制订相关的实验室意外事件应急预案,并定期演练,确保检验人员和其他相关工作人员有突发应急事件的处置能力,并按照规定要求报告。实验室应具有充分适用的应急物资储备。主管部门和实验室所在单位加强监督检查。

14. 实验室工作人员应在身体状况良好的情况下进入实验区工作。若出现疾病、疲劳或其他不宜进行实验活动的情况,不应进入实验区。

15. 实验室设立单位应该与具备感染科的综合医院建立合作机制,定期组织在医院进行工作人员体检,并进行健康评估,必要时应进行预防接种。

16. 实验室工作人员出现与其实验活动相关的感染临床症状或者体征时,应主动及时报告。实验室负责人应及时向上级主管部门和负责人报告,立即启动实验室感染应急预案。由专车、专人陪同前往定点医疗机构就诊。并向就诊医院告知其所接触病原微生物的种类和危害程度。

第二节　实验室消毒管理

一、概述

所有直接或间接接触病原微生物的仪器设备、器具和器皿、包装物、运输工具、个人防护用品、废弃物等均应视为被污染,必须及时、有效地进行消毒或灭菌处理。规范实验室消毒灭菌工作,可以有效避免或减少实验室内感染性或潜在感染性生物因子对实验室工作人员、环境和公众造成危害。

二、管理要求

1. 各病原微生物实验室应建立适合自己、可操作的实验室消毒灭菌作业指导书或操作规程。

2. 所有被病原微生物污染的仪器设备、器具和器皿、包装物、运输工具、个人防护用品、废弃物等在转移或丢弃之前应在实验室区域内经过消毒或灭菌处理。

3. 选用的消毒剂、消毒器械应符合国家相关规定。实验室应确保消毒液的有效使用,应监测其浓度,标注配制日期、有效期及配制人员等。

4. 实验室工作人员和洗消人员应接受消毒、灭菌知识技术培训,掌握消毒和灭菌技术,并按规定严格执行消毒隔离制度。实施消毒时工作人员应佩戴适宜的个体防护装备。

5. 应根据操作的病原微生物种类、污染的对象和污染程度等选择适宜的消毒和灭菌方法,确保消毒和灭菌效果。

(1) 实验室根据菌(毒)种、生物样本及其他感染性材料和污染物,可选用压力蒸汽灭菌方法或有效的化学消毒剂处理。实验室按规定要求做好消毒与灭菌效果监测。

(2) 实验使用过的防护服、一次性口罩、手套等应选用压力蒸汽灭菌方法处理。

(3) 医疗废物等应经压力蒸汽灭菌方法处理后再按相关实验室废物处置方法处理。

(4) 动物笼具可经化学消毒或压力蒸汽灭菌处理,局部可用消毒剂擦拭消毒处理。

(5) 实验仪器设备污染后可用消毒液擦拭消毒。必要时,可用环氧乙烷、甲醛熏蒸消毒。

(6) 生物安全柜、工作台面等在每次实验前后可用消毒液擦拭消毒。

(7) 污染地面可用消毒剂喷洒或擦拭消毒处理。

(8) 实验室环境空气可用紫外灯进行日常消毒。

(9) 实验人员需要进行手消毒时,应使用消毒剂擦拭或浸泡消毒,再用肥皂洗手、流水冲洗。

6. 紫外灯、压力灭菌器等消毒、灭菌设备应定期进行消毒或灭菌效果监测。

7. 应对消毒、灭菌工作进行记录,记录内容应包括消毒或灭菌对象、时间、方法、操作人员等。

8. 对消毒、灭菌后的物品应妥善保存,确保在使用之前不被污染,否则应重新消毒。已消毒或灭菌的实验用品应有明显的标识,不能与未消毒灭菌的用品混放。

9. 感染性物质等溢洒后,应立即使用有效消毒剂规范处理。

第三节　实验方法和技术管理

一、概述

科学的实验方法和检测技术是保证检验结果准确和有效的关键,也是实验室生物安全的保障。应选用合适的实验方法和技术,包括样品的采(抽)样和前处理等。实验室应对使用的检测方法和技术实施有效的控制与管理,明确每种新方法投入使用的基本条件、技术能力和审批要求,并及时跟踪检测技术的发展,定期评审实验方法和技术能力是否满足实验活动目的及安全的要求。

二、管理要求

1. 实验室对涉及病原微生物的实验方法和检测技术进行规范管理,建立管理程序,明确开展新的实验方法和检测技术的基本条件、能力、验证及审批要求,并进行生物安全风险评估。对新方法和检测技术进行技术验证和安全性论证符合要求的,才允许开展。

2. 实验室开展的病原微生物实验活动应符合国务院卫生主管部门或者兽医主管部门的规定,并在具备相应生物安全级别的实验室中进行,具体按照《人间传染的病原微生物名录》执行。

3. 实验室应选择使用适合的实验方法和检测技术进行检测、研究、教学和诊断活动,包括样品的采(抽)样、处理、运输、保藏等,确保实验结果质量和实验活动安全。

4. 实验室对首次采用的涉及病原微生物的实验方法和技术应该经过技术验证,确认生物安全和检验结果的准确可靠性。验证不仅需要识别人员资质和数量要求、环境设施和设备、试剂和材料等资源,还应识别是否具有有效地防止病原微生物扩散和感染的措施。

5. 实验方法和技术经过验证、确认后,经单位管理部门和其他主管部门(必要时)审批后才能实施。

6. 实验室应跟踪实验方法和技术的变化,当实验方法和技术变更涉及检测方法原理、仪器设施、操作方法和生物安全时,应重新通过技术验证和风险评估。

7. 与检验工作有关的标准、作业指导书、参考文件等应保持现行有效,并在工作场所便于实验人员取阅使用。

8. 所有实验方法和技术验证资料、风险评估报告等都应该安全保存并存档。

第九章

意外事件处置管理

　　生物安全是指全球化时代国家有效应对生物及生物技术因素的影响和威胁，维护和保障自身安全与利益的状态和能力。生物安全的能力主要包括监测、预警、鉴别、处置、恢复等方面。生物安全能力建设，特别是防御生物武器攻击、反生物恐怖、处置突发公共卫生事件是未来相当长时间内维护国家安全稳定的重要任务、任务艰巨。规范开展意外事件处置，对提高政府保障实验室生物安全、处置实验室生物安全事件和生物恐怖事件的能力，有效预防、快速应对和及时控制实验室生物安全事件，最大限度地减少实验室生物安全事件对实验室人员、环境、公众身体健康造成的影响，维护社会稳定具有十分重要的战略意义。

第一节　意外事故(事件)报告管理

一、概述

　　从事病原微生物相关实验活动的实验室的设立单位，应当建立健全安全保卫制度，采取安全保卫措施，严防病原微生物被盗、被抢、丢失、泄漏，保障实验室及其病原微生物的安全。发生意外事件后，实验室的设立单位应当依照《病原微生物实验室生物安全管理条例》规定进行报告。发生病原微生物意外事件，承运单位、护送人、保藏机构和实验室的设立单位未依照本条例的规定报告的，由所在地的县级人民政府卫生主管部门给予警告；造成传染病传播、流行或者其他严重后果的，由实验室的设立单位或承运单位、保藏机构的上级主管部门对主要负责人、直接负责的主管人员和其他直接责任人员，依法追究责任。

二、管理要求

1. 发生意外事故(事件),应按照国务院或者国务院卫生行政部门规定的内容、程序、方式和时限报告。任何机构和个人不得缓报、谎报、漏报和瞒报。

2. 实验室应按照国家和地方对意外事故(事件)报告的规定,制定实验室安全事故报告程序和制度,落实事故报告责任。

3. 实验室设立单位发现实验室生物安全意外事故(事件)后,应在 2 小时内向有关部门报告。对重大实验室生物安全意外事故(事件)或生物恐怖事件应立即报告。

4. 实验室生物安全意外事故(事件)报告分为初次报告、阶段报告、总结报告对生物安全事件的发生、发展情况进行报告。

5. 初次报告内容应包括(但不局限于)实验室设立单位名称、实验室名称、事件发生地点、发生时间、涉及病原体名称、涉及的地域范围、感染或暴露人数、发病人数、死亡人数、密切接触者人数、发病者主要症状与体征、可能原因、已采取的措施、初步判定的事件级别、事件的发展趋势、下一步应对措施、报告单位、报告人员及通讯方式等。初次报告强调及时性,暂时未获得的信息可在进展报告和结案报告中补充完善。

6. 阶段报告事件的发展与变化、处置进程、势态评估、控制措施等内容。同时,对初次报告内容进行补充和修正。重大实验室生物安全事件或生物恐怖事件至少按日进行进程报告。

7. 在主管部门确认事件终止后,应及时对事件的处置工作进行总结报告,包括实验室生物安全事件调查处置结论,分析事件原因和影响因素,提出今后对类似事件的防范和处置建议。

8. 实验室所有事故报告均应形成文件并存档。

第二节   应急处置管理

一、概述

为有效控制发生在实验室范围内的意外事件,最大限度地减轻意外事件对实验室人员造成的危害,实验室设立单位应制订实验室应急处置预案,建立实验室感染事故或泄漏事件的自评核实、上报通报、协调处置等责任分工制度,针对不同类型的意外事件制定不同的应急处置程序,按分级负责、分类处置的原则做好应急处置工作。发生病原微生物扩散,有可能造成传染病暴发、流行时,县级以上人民政府卫生主管部门或者兽医主管部门应当依照有关法律、行政法规的规定以及实验室感染应急处置预案加强应急处置管理。

二、管理要求

1. 按照《实验室生物安全通用要求》（GB 19489—2008）等要求，针对不同类型的意外事件制定不同的应急处置政策和程序，并告知相关人员，清晰各个部门、各类人员自身的职责。

2. 在人员、组织结构、环境布局以及法律法规和国家标准等发生改变时，应定期审核应急处置预案和技术方案的适用性，并及时修改发布。

3. 考虑到意外事件的性质、严重程度、可控性和影响范围等因素，应做好各种技术能力的储备和各类应急物资的储备。

4. 实验室所在单位应明确实验室意外事件应急处置的流程，包括事件发生后的报告程序、报告对象、报告内容（时间、地点、人员、开展的活动、发生的事件等）。

5. 应急程序至少包括负责人、组织、应急通讯、报告内容、个体防护和应对程序、应急设备、撤离计划和路线、污染源的隔离和消毒灭菌、人员隔离和救治、现场隔离和控制、风险沟通等内容。

6. 实验室应负责使所有相关人员（包括来访人员）熟悉应急行动计划、撤离路线和紧急撤离的集合地点。

7. 实验室应以国家的法律法规和地方的应急预案和要求为基础，结合实验室自身的实际和特点制定应急措施，应急措施主要包括以下内容：工作目的、编制依据、适用范围、工作原则、事故分级等。

8. 实验室发生意外事故（事件）时，实验人员应当立即采取控制措施，并同时向负责实验室感染控制工作的机构或者人员报告。

9. 接到实验室意外事故（事件）报告后，应当立即启动实验室感染应急处置预案，并组织人员对该实验室生物安全状况等情况进行调查，并同时采取控制措施，对有关人员进行医学观察或者隔离治疗，封闭实验室，防止扩散；实验室负责人应及时对事故作出危害评估并提出下一步对策。

10. 应定期或不定期开展应急演练。

第三节　应急储备管理

一、概述

实验室设立单位应从战略安全风险、突发事件风险、应急管理工作特点和规律等角度作为应急储备管理的立足点。以科学的风险分析与评估作为确定应急物资储备的前提和基础,通过分析可能存在的重大风险,归纳各类突发事件发展规律,剖析应急储备的具体要求,制订科学有效的应急储备保障方案,从人才队伍、物资、能力等多维度开展储备工作,建立实验室生物安全应急小分队,做好人员培训,储备与生物安全风险水平相匹配的个人防护用品和安全设备。

二、管理要求

1. 实验室应确定实验室生物安全管理责任人,做好重大活动期间和节假日的值班和备勤。

2. 应建立实验室生物安全应急小分队,责任到人、措施到位,使其熟悉实验室生物安全事件报告程序和处置方法。

3. 实验室生物安全应急小分队由微生物实验室的负责人及技术骨干人员组成。

4. 应制定应急小分队职责,负责实验室生物安全事件的应急处置;参与实验室生物安全事件原因分析;参与实验室生物安全事件污染范围的划定、迅速有效地处理生物安全事件、及时报送有关生物安全事件的信息。

5. 做好生物安全应急技术储备,定期对相关工作人员进行实验室生物安全应急处置相关知识与技能专题培训。

6. 培训内容主要包括:生物安全防护知识和安全保障措施;相关人员在应急处置中的作用、职责和操作技能;实验室生物安全应急预案规定的应急程序和工作要求等。

7. 根据实际需要,储备必要的现场防护、洗消、排污和抢险救援器材物资;配齐必要的采样、取证、检验、鉴定和监测设备;做好医护人员、床位、救治设备和应急药品、疫苗及个人防护用品的准备。

8. 应急物资储备包括但不局限于急救箱、灭火器、全套防护服、罩式防毒面具、消毒设备(如喷雾器和甲醛熏蒸器)、担架、逃生工具、警示器材和警告标示等。

第四节　应急演练管理

一、概述

实验室设立单位应坚持预防与应急相结合、常态与非常态相结合的原则,在不断提高安全风险辨识、防范水平的同时,按照预案和演练方案等,定期或者不定期开展意外事件应急处置演练工作,不断强化工作人员的紧急处置能力。

二、管理要求

1. 实验室意外事件应急处置的执行机构或部门应根据应急预案定期组织单位人员开展应急处置演练。

2. 应急处置演练以加强基础、突出重点、边练边战、逐步提高为原则,切实保证演练的可操作性和适用性。

3. 单位的执行机构负责设计演练方案,针对意外事件如何应急处置、监测、治疗、观察、评估;如何处置现场;如何执行事故报告制度;实验室负责人员如何响应等。

4. 演练人员应持有一份演练实施方案,该方案包括:演练日期、时间、地点、持续时间、参与人员、目的、演练的类型、范围、假设前提与设定状态、模拟情景叙述、评估流程及其他协作规则。

5. 演练的过程中应有控制计划,包括对演练组织管理人员的指导。该计划的主要内容包含时间、推进方式、各个场景的情景模拟和演练,以何种形式进入下一环节,以及控制参与人员之间的预定。演练应有专人进行相应记录。

6. 最后针对演练是否及时、得当,是否取得相应控制效果等演练结果进行总结和评价。

第十章

动物实验室管理

　　实验动物是生命科学研究重要的基础和支撑条件,科研、教学、生产、检定等均离不开动物实验。国家和省级层面针对实验动物制定了系列法规、规章、制度、标准,以促进该行业健康、安全发展。动物实验室的设计、建造、运行及管理应符合《实验动物管理条例》及《实验动物 环境及设施》(GB 14925)、《实验动物设施建筑技术规范》(GB 50447)、《实验动物 动物实验通用要求》(GB/T 35823—2018)等要求,应制定管理程序,严格管理,规范操作,有效控制风险,并取得相关行政许可,确保动物实验室生物安全。

第一节　感染动物实验管理

一、概述

　　动物感染实验是相关医学研究的重要技术手段和方法,不可或缺,但在从事动物感染实验过程中也存在各种不同的风险,为了避免发生生物安全事故,实验室设立单位应建立感染动物实验管理程序,建设规范的硬件设施,配备必要的安全防护装备,严格管理制度,相关人员应符合相关准入条件和要求,实验过程中应采取必要的个体防护措施,规范使用和穿脱防护用品等。

　　感染动物实验室建设既要符合《实验动物设施建筑技术规范》(GB 50447)要求,更要符合生物安全管理的要求,同时还应满足动物感染实验结果的质量控制要求。

二、管理要求

(一) 动物实验室管理

感染动物实验室管理

(1) 屏障系统内工作人员应养成无菌观念和清洁卫生习惯,经常洗头洗澡、勤剪指甲。

(2) 感冒、腹泻及皮肤外伤等患病者要待恢复健康后方可进入屏障内清洁区。

(3) 禁止化妆进入屏障内,所有个人物品如钥匙、手表、饰品、通信工具等禁止带入清洁区。

(4) 未按规定处理的任何物品不能进入清洁区。

(5) 饲养室内使用的任何工具、用具必须是专室专用,不得交叉使用。

(6) 消毒灭菌后的物品贮藏时间不宜过长,一般以不超过 1 周为宜。

(7) 清洁走廊、内准备间、污物走廊及缓冲间每天定时紫外线照射消毒。

(8) 各区域要随手关门,不同区域的工作人员按要求穿戴相应的工作服,在相应的区域活动,工作人员不得互串。

(9) 严格执行人流、物流、动物流的走向和顺序。

(10) 应对同一时间内进入实验室的人数进行限制,以减少偶然事件的发生。

(11) 记录实验室内压力情况,确保为负压。

(12) 所有针对感染性材料的操作程序必须在生物安全柜中进行,生物安全柜的工作表面每次工作后都必须消毒。

(13) 所有废弃的实验室材料都必须丢弃到有消毒剂的桶内或者高压消毒锅内。

(14) 拿出动物实验室的物品都要对其表面进行消毒,除非是放在专用的运输容器中。

(15) 应使用个人报警器或者避免单独工作,整个实验室的情况应该可以从观察窗或监控系统看到。

(16) 更换垫料、抓取动物等操作应尽量避免灰尘飞扬,减少气溶胶发生。

(17) 用过的笼具和实验器材应经高压灭菌消毒后再清洗。

(18) 动物的排泄物和垫料、残余饲料须经彻底消毒灭菌等无害化处理后才能废弃。

(19) 死亡的动物需要经高压消毒灭菌后再密封包装送去焚烧。

(20) 感染动物实验区应设置电蒸汽高压灭菌器,随时进行各种物品消毒灭菌。

（二）动物实验设备管理

1. 传递仓操作管理

（1）不耐高压蒸汽灭菌的物品使用传递仓传递。

（2）传递的物品必须保证包装内"无菌"，否则禁止传入。

（3）传递仓的内外门应设有互锁装置，以保证双侧门不可同时打开。传递仓必须按单边开门的原则使用，禁止两侧门同时打开。

（4）传递仓按与之相连的较高级别的洁净区的洁净级别来管理。

（5）屏障系统内将需传递的物料放进传递仓中，关上传递仓的门，另一边操作员打开门，将传递窗中物料取出，必须进行消毒后方可关上传递仓的门。

（6）向屏障系统内传递物料时，必须做好物料表面的清洁工作，并打开紫外灭菌灯30分钟后，屏障系统内方可打开门取走物料。

（7）传递仓内不能存放任何物料或杂物。

（8）由洁净区操作者负责，将传递仓的内部各表面擦拭干净。

（9）当传递仓一边的门无法顺利打开时，应检查另一边的门是否关好，切忌用力强行打开，否则会损坏互锁装置。

（10）应经常检查紫外灯的工作情况，定期更换紫外灯管。传递仓的互锁装置无法正常工作时，应及时维修。

（11）应定期检查两侧门的气密性，发现问题及时解决。定期更换两扇门的密封橡胶垫，以增加密封性能。

2. 双扉压力蒸汽灭菌器管理

（1）双扉压力蒸汽灭菌器是实验动物屏障设施重要的物料消毒灭菌设备。所有进入屏障设施内的物品都必须经过消毒、灭菌处理，以保持进入设施的物品无菌，防止屏障设施内环境受病原微生物污染。

（2）双扉压力蒸汽灭菌器安装完毕之后，要对其进行消毒灭菌及消毒灭菌效果的测试。测试前，检查设备的密封性，防止造成污染。

（3）对双扉压力蒸汽灭菌器和电热蒸汽发生器的测试内容包括电热蒸汽发生器达到上限和下限加热器自动闭合状况，缺水报警、断电保护及安全阀的工作状况。高压灭菌器的各个压力表是否正常工作，灭菌效果一般采用细菌培养和高压灭菌检测试纸相结合的方法。

（4）应熟悉双扉压力蒸汽灭菌器的各种说明书，了解设备的工作原理、工作流程。

（5）每天使用前检查各压力表、内外门和水、电、气等管线是否正常。

（6）每次使用灭菌设备前，彻底清扫灭菌锅体内的杂质、灰尘，清洗各类过滤，保证进、出蒸汽畅通。

（7）每次使用双扉压力蒸汽灭菌器，需用灭菌效果指示条来测试灭菌效果,一次灭菌失败即可能导致微生物污染,从而产生严重后果。发现未达到灭菌效果应及时分析原因,排除故障。

(8) 每周检查各类电磁阀的工作性能,且进行清洗、加高温润滑油,保证电磁阀动作自如。

(9) 每周定期检查各类电器、进排气系统的接头,发现"滴、漏、跑、冒"、接头松动现象时及时解除。

(10) 定期检查各种仪表、安全阀的工作性能,保证其读数的准确性。

3. 喷枪的使用与维护

(1) 在每次喷雾消毒完毕之后,应及时用清水将消毒药液清洗干净并晾干。

(2) 用粉末状消毒药配制消毒液时,必须使粉末消毒剂完全溶于水中,以免堵塞喷枪。

(3) 每个季度应拆洗一次喷枪,拆开后用有机溶剂将其各部件全面清洗干净,并涂上少量油脂。

4. 超净工作台管理

(1) 使用前应检查照明及紫外设备能否正常运行。

(2) 应将台面收拾干净,净化工作区内严禁存放不必要的物品,以保持工作区内的洁净气流不受干扰。

(3) 使用工作台前,使用 0.5% 过氧乙酸或 75% 乙醇对超净台"工作面"进行消毒,或紫外灯照射 30 分钟后启动"超净台"电机。

(4) 净化工作区内尽量避免做明显扰乱气流流型的动作。

(5) 操作结束后,清理工作台面,收集各废弃物,用清洁剂及消毒剂擦拭消毒,关闭风机及照明开关。

(6) 应根据环境洁净程度,定期将初过滤器中的滤料拆下清洗消毒。

(7) 更换高效过滤器时,应注意过滤器上的箭头标志,箭头指向即为层流气流流向。

(8) 更换高效过滤器时,应用尘埃粒子计数器检查四周边密封是否良好。调节风机组电压,使工作区平均风速保持在 0.4%m/s ± 10%m/s 范围内,用尘埃粒子计数器检查净化效率。

5. 独立通风笼具(IVC)使用

(1) IVC 操作使用前的准备工作

1) IVC 需配合超净工作台使用。启动超净工作台风机,净化工作台内环境,打开工作照度灯。

2) 将已准备的灭菌饲养用品和实验物品(饲料、垫料、水及实验用品)放入超净工作台中。若需更换笼盒,检查灭菌笼盒准备情况,并用不锈钢推车移至超净工作台移门边。

3）检查喷雾器喷洒效果及超净台内外擦抹用的药液是否配制好。

4）检查 IVC 机组各仪表或读数，目视各笼盒内的动物情况，估测 IVC 运行情况。

5）记录主要环境参数，如温度、相对湿度、笼盒内外压差等。

（2）IVC 操作使用程序及规范

1）用双手轻抬 IVC 笼盒外端，沿笼架格挡向外移出笼盒，放在超净工作台的不锈钢推车上。

2）用药液喷雾器充分喷洒双手手套外表及 IVC 笼盒的表面。也可用戴手套的双手浸入药液容器中，捞起并拧干药液毛巾，擦干手套外液滴，同时擦拭笼盒的外表。

3）打开超净工作台移门（高度满足笼盒进入），将笼盒移入超净工作台。

4）适当拉下超净工作台移门（高度满足操作者两手活动自如），打开 IVC 笼盒盖，侧放在一边。

5）观察笼盒中动物的生活情况，做出添料、加水、换盒及动物实验的选择。

6）操作完成后，盖上盒盖，扣紧笼盒搭扣，送回 IVC 笼架，对准笼架进出风口沿笼架轻轻推入，接口后在笼架固定钮内放下即可。将原笼盒上的动物卡片移插至新的笼盒上，并将换下的笼盒集中外运处理。

7）如需进行动物实验，按上述方法打开笼盒盖，在超净工作台内再次对带有乳胶手套的双手用 75% 浓度的乙醇棉球擦拭消毒。从笼盒中取出动物，该药或开展其他实验操作。

（3）IVC 操作注意事项

1）取出、放入笼盒的动作要轻，否则易造成出 / 回风口损坏或笼盒龟裂。

2）勿放入过多或过重的水瓶，以免造成笼盒内湿度过高。

3）放入笼盒时，确定 IVC 笼架上的出 / 回风口卡入 PC 盒上的孔洞内。

4）定期擦拭清洗笼架所有出 / 回风口。

5）操作之前，工作人员须使用 75% 的乙醇进行手消毒。

6）动物饲育盒必须在超净台内方可打开，更换水瓶、加饲料、动物观察、动物给药等都必须在超净台内进行；操作过程应该是无菌操作，防止微生物污染。

7）遇设备故障或停电等突发事故，必须尽快打开动物饲育盒"生命口"上的盖子，以防动物窒息死亡。设备恢复正常后，重新盖好"盖子"。

8）通过送风机箱上的"送风量"调节钮来调整送风量。应注意观察测试笼盒所指示的笼盒压力及换气次数情况，并定期调整测试笼盒位置。

（4）隔离器使用

1）操作人员上岗前均应进行相关知识和技能培训，增加无菌操作意识和应具有高度的责任心，严格按隔离器饲养管理程序和 SOP 操作。

2）隔离器在灭菌之前应进行两次检漏：首先对膜室检漏，其次对手套、内外盖帽等附件在安装好后检漏。如果第二次充气 48 小时后隔离器的薄膜室基本不松弛，表明隔离器密封性好，可以进行隔离器内灭菌。

3）隔离器喷雾灭菌后须维持 2 小时以上，再经 24 小时以上的通风并经无菌检查合格后方可使用。

4）在使用中要注意附件的保养和更换，特别是定期更换空气过滤材料。

5）隔离器内所需物品应经消毒灭菌和无菌检查合格后，才能传入隔离器内。

6）为防止意外停电事故的发生，应配备备用电源，保证隔离器的正常运转。

7）在隔离器运行过程中随时检查鼓风机运转是否正常、各风道是否通畅；所使用的消毒剂是否在有效期内；是否及时更换各附件等，以确保隔离器内饲养动物质量。

8）隔离器外环境必须定期消毒。

9）每次传入、穿出物品需准备充分，尽量减少开包次数，以防止污染。

第二节　动物实验室消毒

一、概述

保持实验室洁净及无菌，是对动物实验室一项基本和重要的要求，进入动物实验室的空气、水、物品等均需要进行严格的消毒灭菌，以防止将污染代入动物实验室，因此动物实验室的消毒工作至关重要。本节提出了动物实验室消毒管理的基本要求及主要做法，以保障实验室的安全运行。

二、管理要求

1. 实验动物传染病不仅对动物生产和动物实验带来巨大的经济损失，而且对实验结果、实验人员和饲养人员也存在感染与发病的危险。因此，屏障环境动物实验室的日常卫生管理和消毒是非常必要的。

2. 屏障环境设施投入使用前，应将所有区域彻底打扫干净，包括天花板、墙壁、门窗、送回风口等部位。

3. 应进行熏蒸消毒，消毒时应做好个人防护。

4. 屏障系统内每次操作结束后,应使用消毒液全面擦拭笼架及地面,抹去碎屑及微尘,并在其表面滞留一层消毒液。

5. 屏障环境在维持过程中,仅靠擦拭方法无法控制环境的微生物数量,可采用低浓度、小剂量的全面喷雾方法,有效、持久地使屏障系统的微生物得到稳定控制。应每周 1~2 次对屏障内所有饲养室内的笼架具、吊顶、墙壁、地面及洁净准备间、走廊、更衣室、淋浴室等进行彻底喷雾消毒。

6. 屏障环境的空气消毒,应选用两种以上消毒液并轮流交替使用,如 0.2% 过氧乙酸、1% 聚维酮碘、0.5% 消毒灵等,剂量一般为 20~30ml/m^3,以防耐药。

7. 动物饮水经无菌纯水系统进入饲育间内,直接用饮水瓶取用或经过高压灭菌器灭菌处理后进入房间。应定期对饮用水进行无菌检验。

8. 饲料的消毒通常有两种方法。①高压灭菌饲料:经高压灭菌器 121℃、30 分钟灭菌,传入内准备间,当天不用的放洁库内,但贮存不得超过 1 周。灭菌时应放置灭菌指示卡。② ^{60}Co 照射饲料:灭菌饲料经传递仓(2% 过氧乙酸喷雾外包装后,紫外线照射 30 分钟)传入屏障系统内。

9. 垫料一般用刨花或玉米芯,先把刨花过筛去除颗粒较小的粉末,用布袋包装进行消毒(121℃、30 分钟),然后分装在灭菌好的饲养盒内,但贮存不得超过 1 周。

10. 无菌工作服不能多次使用,每进入屏障系统一次就需换洗、灭菌。灭菌后工作服存放不得超过 1 周。

11. 实验器械、物品等的传入,可以根据不同的物品,选择不同的消毒方法,经高压灭菌器、传递仓等传入屏障系统内。纸张、药品、小仪器等,应选用中性消毒液如 84 消毒液、苯扎溴铵、聚维酮碘、过氧乙酸等溶液进行表面擦拭或喷雾消毒,放入传递仓经紫外线照射 30 分钟后,传入洁净区使用。笼具、垫料、水等耐高温、高压的物品,应采用蒸汽灭菌消毒后传入。拖把、扫把、拖鞋等对耐液体浸泡的物品,可放入渡槽里进行长时间的消毒液浸泡传入。

第三节　动物实验室设计与建设

一、概述

动物实验室尤其是屏障环境动物实验室,有别于一般的洁净厂房,不仅需要达到洁净度的要求,更需要注重环境的无菌控制,为满足不同环境下的动物实验的安全可靠,实验室的前期设计尤为重要。本节着重介绍动物实验室设计过程中需要重点关注的要点和基本要求,以满足各类动物实验的要求。

二、管理要求

1. 动物实验室应选址在远离散发大量粉尘、烟气和腐蚀性气体及噪声的僻静区域,应远离铁路、码头、机场、交通要道、工厂、堆场等区域,应避开自然疫源地。

2. 动物实验室宜选在环境空气质量及自然环境条件较好的区域。

3. 动物实验区应与饲养区分开设置,不同品种、品系的实验动物以及不同来源的动物不应在同一房间饲养。

4. 设计动物实验室应考虑预留一定数量的备用房间。

5. 实验动物房应具备双路电源或应急电源。

6. 动物实验室高度以 2.4~2.6m 为宜,技术夹层高为 2.2~2.4m。

7. 动物实验室的走廊宽度不应小于 1.5m,门大小应满足设备进出和日常工作的需要,一般净宽不少于 0.8m。

8. 动物实验室应合理组织气流和布置送、排风口位置,宜避免死角、断流、短路。

9. 动物实验室的所有围护结构应无毒、无放射性。

10. 饲养间内墙表面应光滑平整,阴阳角均为圆弧形,易于清洗、消毒。墙面应采用不易脱落、耐腐蚀、无反光、耐冲击的材料。地面应防滑、耐磨、无渗漏。天花板应耐水、耐腐蚀。

11. 动物实验室门、窗应有良好的密封性,饲养间门上应设观察窗。

12. 屏障环境设施的密闭门宜朝空气压力较高的房间开启,并宜能自动关闭。

13. 缓冲间的门宜设置互锁装置。

14. 动物设施应有防止昆虫、野鼠等动物进入和实验动物外逃的措施。

15. 动物设施的排风机应与送风机连锁,正压实验动物设施,送风机应先于排风机开启,后于排风机关闭;负压实验动物设施,排风机应先于送风机开启,后于送风机关闭。

16. 屏障环境设施的净化区和隔离环境设施的用水应达到无菌要求。

17. 空气调节系统的电加热器应与送风机连锁,并应设无风断电、超温断电保护及报警装置。

18. 屏障环境动物实验室应设置火灾事故照明。屏障环境设施的疏散通道和疏散门应设置灯光疏散指示标志。当火灾事故照明和疏散指示标志采用蓄电池作备用电源时,蓄电池的连续供电时间不应少于 20 分钟。

19. 屏障环境动物实验室净化区内不应设置自动喷水灭火系统,应根据需要采取其他灭火措施。

20. 动物实验室的人员流向、物品流、动物流应分开,避免交叉污染。

21. 动物设施的出入口不宜少于两处,人员出入口不宜兼做动物尸体和废弃物出口。

22. 负压屏障环境设施应设置无害化处理设施或设备,废弃物品、笼具、动物尸体应经无害化处理后才能运出实验区。

23. 动物设施宜设置检疫室或隔离观察室。

24. 屏障环境动物实验室的清洗消毒间与内准备间之间应设置高压灭菌器等消毒设备。

25. 实验室内的配电设备应暗装,并选择不易积尘的设备,另外要有应急电源。电气管线应暗敷,由非洁净区进入洁净区的电气管线管口,应采取可靠的密封措施。

26. 动物实验设施应有相对独立的污水初级处理设备或化粪池,来自于动物的粪尿、笼器具洗刷用水、废弃的消毒液、实验中废弃的试液等污水应经过处理并达到 GB 8978 二类一级标准要求后排放。

第十一章

消防和安保设施设备管理

实验室的消防和安保工作是实验室正常开展工作的重要保障和前提条件,它直接关系实验人员的生命安全和实验室的财产安全。做好实验室消防和安保工作,合理配置与实验室开展检测工作需要相适应的消防和安保设施设备,避免对检测人员的健康和实验室的安全造成危害,以满足检测工作正常运行,确保检测人员和实验室的安全。

第一节　安保设施设备管理

一、概述

生物安全实验室的安保设施设备一般包括门禁系统、监控系统、通风系统、动力系统、防盗设备、防火设备、气体钢瓶固定设备等,要按照相关规定配置,并做好日常维护。

二、管理要求

(一) 基本要求

1. 实验室设立单位应制定包括实验室在内的安保管理的工作程序。实验室应按照国家相关规定,配置有关安保设施设备。

2. 实验室的安保设施设备,根据专业、功能和工作内容的不同,一般设置包括门禁系统、监控系统、通风系统、动力系统、防盗设备、防火设备、气体钢瓶固定设备等,防止意外事故发生。

3. 实验室安全必须贯彻"预防为主"的方针,配置的安保设施设备应覆盖全部重点部位和相关实验活动。

4. 安保设施设备应满足对危险材料、重要设备、重要材料和工作人员的健康安全防护、对环境的安全保护等的需要,确保检测工作的顺利开展。

5. 实验室应建立安保设施设备台账,由指定人员负责记录。

6. 安保设施设备应实行责任制,责任到人,由责任人对设施设备进行管理。

7. 应制订实验室安保设施设备配置计划和安放场所。

8. 实验室电源和电器设备应与易燃、易爆物品保持一定距离。

9. 实验室不得乱接乱拉电线,未经批准,不得使用大功率用电设备,以免超负荷用电。

10. 实验室使用的可燃气体钢瓶应放置阴凉、通风处,并用设备固定。

11. 应定期对安保设施设备进行专项检查和维护,并形成检查、维护记录。

12. 实验人员应定期接受安全知识的培训。

(二) 安保设施设备管理

1. 门禁系统的使用

(1) 门禁系统用于实验人员进入实验区域的准入,实验人员应根据操作规程进行刷卡或指纹扫描进入。

(2) 实验人员不能携带打火机等火源以及食物等进入实验室。

(3) 外来参观和维护等人员未经允许不得自行进入实验室,如需要进入实验室的,应办理相关申请手续后由专人陪同进入,并按照规定做好个人防护。

2. 监控系统的管理

(1) 实验室重点部应配备安全监控系统,该系统必须实现实时监测和远程传输,并具有自动存储数据、报警、数据统计等功能。

(2) 实验室应建立健全监控系统管理制度,配有监控值班人员 24 小时值班,并做好值班记录。

(3) 监控系统的实时数据保存应该不少于 30 天。

3. 消防器材的管理

(1) 为保证实验室突发火情时,能开展应有的灭火工作,按照国家相关规定,应配置有关消防器材。

(2) 实验室每楼层应配备一定数量的消防器材,特别是液化气贮藏室、药品器械库、化学实验室等地方。消防设施应固定位置放置,要有专人负责。

(3) 实验室的消防器材一般包括室内消火栓、灭火器、灭火毯、消防应急灯、各类消防指示标识牌、烟(温)感报警系统和喷淋系统等。

(4) 消防器材只能用于发生火警或消防演练时,不能挪作他用。

(5) 消防器材使用后,要及时放回原处,并重新充装已使用后的灭火器等。

（6）要定期做好消防器材的检查，及时维护或更换。

（7）要建立消防器材的台账，做好保养和检查记录。

（8）消防器材应实行责任制，责任到人，由责任人对消防器材进行管理。

实验室的设立单位负责实验室的安保设施设备规范管理。应当依照《病原微生物实验室生物安全管理条例》以及相关的专业要求制定包括实验室在内的安保管理的工作程序。其中通风系统、动力系统以及排水系统的维护保养等需由专业人士承担，实验室负责人应定期对有关生物安全规定的落实情况进行检查，定期对实验室设施、设备等进行检查、维护和更新，定期对实验人员进行安全培训，以确保满足对实验室日常活动的需求。

第二节　灭火器材使用维护

一、概述

实验室的灭火器材一般包含灭火器、灭火毯和消防沙桶等。灭火器是一种可携式灭火工具。灭火器是指能在其内部压力作用下，将所充装的灭火剂喷出，用以扑救火灾。灭火器是常见的防火设施之一，不同种类的灭火器内装填的成分不一样，实验室通常使用的是手提干粉灭火器和二氧化碳灭火器。

二、管理要求

（一）干粉灭火器的使用和维护

1. 干粉灭火器的使用规范

（1）干粉灭火器主要通过在加压气体作用下喷出的粉雾与火焰接触、混合时发生的物理、化学作用灭火。

（2）干粉灭火器适用扑救易燃固体、可燃液体、可燃性气体和电气化设备。

（3）在使用前将灭火器筒体上下颠动几次，使干粉松动，增强喷射效果。

（4）拔掉灭火器顶部的铅封。

（5）拉出灭火器的保险销。

（6）操作人员站在火源的上风方向，保持安全距离（距离火源约 2~3m）。

（7）左手扶喷管，喷嘴对准火焰根部，右手用力压下压把，对着火焰的根部喷射，直到把火焰全部扑灭。

（8）在扑救容器中液体火灾时，应对着火焰根部左右晃动扫射，使喷射出的干粉流覆盖整个容器开口表面，当火焰被赶出容器时，应继续喷射，直到把火焰全部扑灭。

（9）在扑救呈流动状液体火灾时，应对着火焰的根部平射，由近及远，向前平推,左右横扫,不让火焰窜回。

2. 干粉灭火器的维护

(1) 灭火器应放置在的通风、阴凉、干燥的地方,不得暴晒,不得接近热源或受到剧烈振动。

(2) 灭火器悬挂、设置地点的环境温度应为 −10~+55℃。

(3) 灭火器悬挂、设置地点应位置明显,便于取用,并且不影响安全疏散,设置的灭火器铭牌必须朝外。

(4) 定期检查灭火器压力阀,指针应指在绿色区域,红色区域代表压力不足,黄色区域代表压力过高,如压力不足,需及时更换。

(5) 定期对灭火器进行表面、喷射管及保险销进行清洁,以确保筒体无锈蚀、喷筒畅通、铅封完好。

(6) 定期对灭火器压把、阀体、顶针等金属件及活动部位进行润滑保养。

(7) 定期对灭火器筒体进行适当晃动,防止干粉结块。

(8) 检查灭火器是否在有效使用期内(在正常情况下,有效期可达 3~5 年),否则要及时更换。

(9) 定期做好干粉灭火器的维护记录。

(二) 二氧化碳灭火器的使用和维护

1. 二氧化碳灭火器的使用

(1) 二氧化碳灭火器主要依靠窒息作用和部分冷却作用灭火。

(2) 二氧化碳灭火器主要用于扑救贵重设备、档案资料、仪器仪表、600V以下电气设备及油类的初起火灾。

(3) 使用时,人员应站在距离火源 2m 处之外。

(4) 拔出灭火器的保险销。

(5) 左手握住喇叭筒根部的手柄,右手按下压把,保持直立状态对准火焰根部进行喷射灭火。

(6) 在扑救容器中液体火灾时,应将喇叭筒提起,从容器的一侧上部向燃烧的容器中喷射,但不能将二氧化碳射流直接冲击可燃液面,以防止将可燃液体冲出容器而扩大火势。

(7) 在扑救呈流动状液体火灾时,应将二氧化碳灭火剂的喷流由近而远,向火焰喷射。

(8) 在扑救电器火灾时,如果电压超过 600V,切记要先切断电源后再灭火。

(9) 在使用时,不能直接用手抓住喇叭筒外壁或金属连接管,防止手被冻伤。

(10) 当在狭小的实验室密闭房间使用时,使用后所有人都必须迅速撤离。

2. 二氧化碳灭火器的维护

（1）灭火器应放置在阴凉、通风、干燥、无腐蚀性气体的场所，不得暴晒，不得接近热源或受到剧烈振动。

（2）灭火器悬挂、设置地点的环境温度应为 −10~+45℃。

（3）灭火器悬挂、设置地点应位置明显，便于取用，并且不影响安全疏散，设置的灭火器铭牌必须朝外。

（4）定期检查灭火器重量，低于额定充装量的 5% 时，应送有资质的维修部门检修后再重新充气。

（5）每次使用后或每隔五年，应送维修单位进行水压试验。

（6）定期对灭火器进行表面、喷射管及保险销进行清洁，以确保筒体无锈蚀、喷筒畅通、铅封完好。

（7）定期对灭火器压把、喇叭筒等金属件及活动部位进行润滑保养。

（8）检查灭火器是否在有效使用期内，否则要及时更换。

（9）定期做好二氧化碳灭火器的维护记录。

（三）灭火毯使用和维护

1. 灭火毯使用

（1）将灭火毯固定或放置于比较显眼且能快速拿取的墙壁上或抽屉内。

（2）在起火初期，快速取出灭火毯，双手握住两根黑色拉带。

（3）将灭火毯轻轻抖开，作为盾牌状拿在手中。

（4）将灭火毯轻轻地覆盖在火焰上，同时切断电源或气源。

（5）灭火毯持续覆盖在着火物体上，并采取积极灭火措施直至着火物体完全熄灭。

（6）如果人身上着火，将毯子抖开，完全包裹于着火人身上扑灭火源。

2. 灭火毯维护

（1）灭火毯是一种经过特殊处理的玻璃纤维斜纹织物，应放置于方便易取的地方，要有明显的标记。

（2）定期检查灭火毯，一般 12 个月检查一次。如发现有破损或污染，应及时更换。

（3）在每次使用灭火毯后，要及时检查有没有发生破损或污染现象，如果没有，可以重复使用。

（4）如果在扑灭着火物体后，灭火毯受损或受污染，可以在灭火毯冷却后，把灭火毯卷起来，当作不可燃性垃圾来处理。

（四）消防沙使用和维护

1. 消防沙的使用

（1）消防沙主要起到覆盖灭火的作用，多用于扑灭油类等易燃液体的着火。

(2) 发生火灾时,将用铁锹把沙子覆盖在流淌在地面或实验台面的起火易燃液上。

2. 消防沙的使用

(1) 消防沙应储备在袋、桶或箱中,放置于固定位置,并有明显的标记。

(2) 消防沙应保持干燥,可以吸收易燃的液体,同时避免由于水分的影响,在灭火时产生沙子飞溅而误伤人员。

(3) 消防沙应保持清洁,避免混入草木等易燃物品。

实验室的灭火器材一般是用于扑救初期火灾,由于实验室燃烧对象的复杂性,要根据火灾的种类、灭火的有效程度、灭火剂对保护实验室仪器设施的污损程度、火灾现场的环境因素以及使用人员的技能等,选择合适有效的灭火器材。火灾发生时,要及时拨打"119"消防报警电话,在扑救初期火灾的过程中,要考虑到烟雾、热气流、风向、易爆物和带电设备等危险因素,要时刻提高自身安全防护意识,严格遵守灭火器材的使用规范,确保实验人员人身安全。同时要做好灭火器材的维护保养,加大火灾隐患排查整治力度,切实整改和消除火灾隐患。

第三节   消火栓使用和维护

一、概述

消火栓是一种固定式消防设施,主要作用是控制可燃物、隔绝助燃物、消除着火源。分室外消火栓和室内消火栓。室外消火栓与城镇自来水管网相连接,供消防车取水用。室内消火栓通常设置在具有玻璃门的消火栓箱内,由水枪、水带、消火栓和报警按钮(水泵启动按钮)组成。

二、管理要求

(一) 消火栓使用

1. 实验室应设立室内消火栓,其作用是控制可燃物、隔绝助燃物、消除着火源。一般都设置在实验室公共部位的墙壁上,消火栓栓口离地面高度应为1.1m,有明显的标志,内有水龙带和水枪。

2. 实验人员应进行规范化的消火栓使用培训。

3. 在发生火情的紧急情况下,实验人员应找到离火场距离最近的消火栓。

4. 快速打开或砸破消火栓玻璃门。

5. 立即按下内部火警按钮(按钮是报警和启动消防泵的)。

6. 拿出水枪,将水枪快速地连接到水带的一端。

7. 拉出水带,将水带的另一端接在消火栓出水口上。

8. 将连接好水带的水枪拉到起火点附近,再打开出水口阀门,进行灭火。

(二) 消火栓维护

1. 室内消火栓给水系统至少每半年(或按当地消防监督部门的规定)要进行一次全面的检查。

2. 检查消火栓门关闭是否良好,锁、玻璃有无破损,涂层是否脱落。

3. 检查消火栓内水枪、水带、消防水喉是否齐全完好,有无生锈现象。

4. 检查接口垫圈是否完整无缺,及时更换阀上老化的皮垫。

5. 对消火栓阀门上加注润滑油,使阀门开闭灵活、无卡阻,关闭严密,无漏水。

6. 进行放水检查,确认水压,以确保火灾发生时能正常供水。消火栓栓口处的出水压力超过 0.5MPa 时,应设置减压阀或减压孔板作减压处理。

7. 检查报警按钮、指示灯及报警控制线路功能是否正常,有无故障。

8. 灭火后,要把水带洗净晾干,按盘卷或折叠方式放入箱内,再把水枪放在枪夹内,关好箱门。

9. 对室内的消火栓的维护,应做到各组成设备经常保持清洁、干燥,防锈蚀或无损坏。

10. 日常检查室内消火栓四周是否有放置影响消火栓使用的物品,否则应及时进行清除。

11. 应定期做好消火栓维护记录。

实验室室内消火栓是实验室消防安全设施,应纳入实验室的安全管理,由指定人员负责日常的管理和维护。使用人员应该严格按照使用规范进行操作,在维护检查过程中,如发现需更换或维修的消火栓时,应及时通知专业人员进行更换或维修。公安消防监督机关对消火栓的设置、安装、修理、维护、使用实施监督管理。

第四节　门禁出入控制管理

一、概述

为实验室安全管理的需要,对出入实验室人员进行控制及管理,实验室安装门禁系统是保证实验人员、设备及生物样本的安全。科室负责人授予本实验室的所有工作人员及科室勤务人员、实习进修人员进出实验室权限,其他人员未经允许,则一律不能进入实验室。

二、管理要求

(一)门禁的安装

1. 实验室的所有出入口及工作区域重要场所(如标本库、危化品仓库以及 P2 核心区域等)应安装门禁。

2. 门禁系统的功能应根据实验室需求进行选择,可以具有统计查询功能、设置黑白名单功能、设置工作时间功能、防拆除功能、防盗功能等,核心区域则需要密码加生物扫描,且双向刷卡;必要时使用双门联动功能,门禁系统可以设置权限,强制规定某门在开启状态时,其余各门都不能打开,或某门在开启状态时,只能开启或关闭某些门。

3. 在门禁读卡器感应范围内,切勿靠近或接触高频或强磁场(如重载马达、监视器等),并需配合控制箱的接地方式。

4. 当门禁系统断电时,系统自动应电锁置于开启状态,让人能够自由出入。以免万一发生火灾时无法逃生。

(二)门禁的使用与管理

1. 实验室门禁出入方式包括　外用感应门禁卡在读卡器上刷卡、在密码键盘上输入密码,也可是使用指纹识别器、掌纹识别器、视网膜识别器等生物识别器核对身份。

2. 实验室门禁出入权限应仅限于本实验室所有工作人员及科室勤务人员、实习进修人员。

3. 实验室人员须通过实验室的安全培训、考核,经实验室负责人批准后方可出入,并在实验室备案人员信息。

4. 实验室人员出入实验室需遵守实验室所有相关规定。

5. 一张门禁卡只能供一人使用,且仅限持卡人本人使用,不得转借、转让或几个人共用一张卡。实验室人员离开实验室岗位后,应及时上交门禁卡。

6. 不得将本实验室门禁密码随意告诉非本实验室人员。应在规定时间内或实验室人员离开实验室岗位后及时更换实验室密码。

7. 外部来访人员,应采用来访登记系统,详细记录每位来访人员的进出时间及个人信息,由值班人员通过计算机或开门按钮,开启门禁系统,控制外来人员的进出。

8. 进出实验室有义务随手关门,以便门禁系统的正常工作同时避免安全事故。

9. 门禁系统出现问题后应立即联系维修。

实验室门禁系统是一种管理人员进出实验室的新型智能控制系统。它集微机自动识别技术和现代安全管理措施为一体,是解决生物安全实验室出入口实现安全防范管理的有效措施。所有出入实验室的工作人员、科室勤务人员、进修人员以及外部来访人员都要严格按照门禁的使用与管理规范,确保实验室人员出入的安全。

第十二章

防护设备使用与维护

实验室是一个具有挑战性的特殊环境,实验人员会面临各种感染风险。实验室的生物安全防护设备与个体防护装备是开展病原微生物实验活动,确保实验安全的前置条件,其主要作用是将实验活动中的具有感染性生物因子和实验人员、实验环境进行"隔离",避免发生感染性因子的扩散和人员感染。但是防护设备最好,实验人员如没有规范管理、正确使用、精心维护,那么存在的潜在风险是不可估量的。

本章主要介绍生物安全实验室的设备管理要求,并以生物安全柜的安装、使用与维护为例进行描述,同时介绍常用的 7 种个体防护装备的管理与使用规范。

第一节 实验设备管理

一、概述

生物安全实验室设备包括安全防护设备和检测设备,生物安全防护设备包括生物安全柜、个体防护装备、高压灭菌器等,用于保护人员、环境及实验对象。检测设备是实验室开展检验检测的必备条件,设备的配置、操作、维护等直接影响检测结果的准确性,同时也直接关系到实验人员的自身安全和环境的公共安全。因此,实验室在选用设备时,应该充分考虑实验活动的风险,尽可能选择生物安全型的设备。应建立设备管理程序文件,对设备的管理、安全处置、运输、存储、使用、维护等作出规定,防止污染和性能退化。实验室应制定各种设备的操作规程,尤其是对于操作中有可能造成感染性物质泄漏造成人员感染的和环境污染的仪器设备,应提醒检测人员佩戴合适的个体防护用品,同时对操作人员进行上岗培训。

二、管理要求

1. 实验室设立单位应制定实验室设备采购、使用、维护和报废的管理程序。

2. 应明确指定实验室设备管理部门,明确其工作制,指定专人负责管理。

3. 设备管理部门应定期组织开展合格供应商评价,建立合格供应商名录。

4. 实验室应采购符合国家相关标准、技术性能和质量可靠、性价比高的设备。

5. 设备投入使用前应有措施保证对设备性能进行确认,并满足实验室安全要求和标准。

6. 大型和尖端精密的设备应指定具有相关能力的专人操作。

7. 实验设备应放置在符合其性能要求的环境条件中。

8. 实验设备应根据安全和专业技术要求进行布置和摆放。

9. 设备管理部门应定期组织开展其检定、检测、校准等,并确保其性能能满足安全和专业要求。

10. 实验室设立单位应建立实验相关设备档案,编制唯一性标识,有设备性能状态标识。

11. 不得使用安全处置性能已经存在缺陷或超出规定要求的设备。

12. 当实验设备脱离实验室直接控制,当设备再次发还实验室后,应在使用前对其相关性能进行确认与记录。

13. 对存在潜在生物性污染的设备应有措施保证对其定期采取去污染(消毒)措施。

14. 从事实验设备操作和安装、维修、搬运的相关人员应根据其风险大小,应采取不同等级的个体防护措施。

15. 实验室应对设备存在的潜在风险的部位,进行醒目的标识。

16. 应制定在发生事故或溢洒等情况时,对设备去污染、清洁和消毒与灭菌的专用方案。

17. 应做好设备使用、维护、检定、校准、报废等记录。

18. 应对进入实验室从事设备安装、使用、维修、搬运、高效过滤器更换等人员进行必要的安全防护培训。

第二节 生物安全柜安装、使用、维护

一、概述

生物安全柜(BSC)是生物安全实验室中不可缺少的设备,是实验室生物安全的一级安全隔离屏障,是实验室最为关键的安全防护设备。生物安全柜适用于 BSL-2 及以上级别实验室中从事具有感染性生物材料的操作,能够保护实验操作者、实验室环境及实验对象的安全。根据生物安全柜气流及隔离屏障设计结构的特点,可分为Ⅰ、Ⅱ、Ⅲ三个等级,其中Ⅱ级生物安全柜又可分为A1、A2、B1、B2 四个型别。实验室应根据开展的实验活动风险合理选择生物安全柜,并按要求正确安装、规范使用、及时维护。生物安全柜的关键部件是高效过滤器(HEPA),它对直径为 $0.3\mu m$ 粒子的捕获率达到≥99.999%。在安装时及使用一段时间后,在移动、检修、更换高效过滤器后,均应由具备资质的专业人员对生物安全柜进行相关指标的检测,符合国家生物安全柜标准要求后才能使用。

二、管理要求

(一)生物安全柜配置和安装

1. 实验室应根据开展的实验活动风险合理选择和配置合适类型的生物安全柜。

2. 配置的生物安全柜应符合《二级生物安全柜》)(YY 0569—2011)的性能要求。

3. 生物安全柜应选择质量可靠、性价比高和便于操作的产品。

4. 应要求供应商提供生物安全柜性能检测证明材料。

5. 生物安全柜应安装在受人员、气流及环境因素影响最小的位置。

6. 生物安全柜应放置在实验室的末端(排风口)前侧,不得放置在实验室操作间的中间或入口处等易受干扰的位置。

7. 生物安全柜应根据其防护等级规范安装排风管道,排风管道应独立于实验室其他通风系统,符合安全、密闭、空中排放等要求。

8. 实验室应为安装生物安全柜预设(留)必要的通风管道,其材质和连接方式符合密闭性要求,不得使用易老化、易脱落或破损的塑料制品。

9. 生物安全柜排风管道不得严重扭曲,妨碍排风,不得将排风管道向下出风。

10. 不得将生物安全柜排风口对准邻近的办公室、人员通道或其他公共

活动场所。

11. 生物安全柜的排风管道出风口应设在所在建筑物的楼顶,并高于 2m 的位置。

12. 生物安全柜排风口应远离新风口,并处在其下风向。

13. 生物安全柜安装时应留出足够的维护和检测距离,如离后壁墙体至少 30cm,离顶部天花板至少 30cm。

14. 在生物安全柜搬运移动过程中不得将其倾倒或横放,不得进行拆卸。

15. 生物安全柜安装后应进行性能检测,符合要求后才能使用。

16. 应记录和保存相关资料,定期归档保存。

(二)生物安全柜使用和维护

1. 实验人员操作使用生物安全柜前应经过规范的操作培训。

2. 实验人员应严格遵循生物安全柜操作技术规范。

3. 应保持生物安全柜工作台面等整洁与清洁。

4. 使用生物安全柜前实验人员应按照实验材料清单,准备好所有的实验物品;放入的物品应分类放置(洁净区域和污染区域)。

5. 使用生物安全柜期间,应保持实验室门、窗处于关闭状态。

6. 在使用生物安全柜期间实验室内尽量避免人员频繁走动。

7. 实验活动前应提前开启生物安全柜运行 5~10 分钟。

8. 实验人员应根据自身身高调整好坐凳的高度。

9. 生物安全柜前窗玻璃挡板应调整到合适的高度。

10. 生物安全柜内的物品应分类摆放。

11. 生物安全柜内实验物品应尽量一次性放入,并尽量少放。

12. 生物安全柜内禁止使用明火如酒精灯等。

13. 实验物品和器材不得堵塞前后的风道。

14. 实验人员应避免双臂频繁进出生物安全柜前窗。

15. 实验完成后实验人员应清理实验物品,并及时清洁生物安全柜操作台面。

16. 应定期做好生物安全柜内部和通风管道及高效过滤器的消毒。

17. 生物安全柜高效过滤器的更换应在终末消毒后由专业人员按照规定要求进行更换。

18. 当生物安全柜长时间不使用时,应定期进行维护性运行,运行时间控制在 30 分钟到 1 小时。

19. 当生物安全柜出现故障或位置移动时,应在修复后进行性能检测,符合要求后,才能再次使用。

20. 生物安全柜应有可靠、稳定的电力供应。

21. 生物安全柜的紫外灯定期进行维护和洁净、更换。

22. 生物安全柜应按照相关要求由具有资质的第三方机构进行性能检测,并符合要求;不得"带病"运行。

23. 实验人员应在使用生物安全柜后做好使用记录。

24. 实验室应定期做好生物安全柜的维护和记录。

第三节　个体防护装备管理、使用

一、概述

个体防护装备是指防止人员个体受到生物性、化学性或物理性等危险因子伤害的器材和用品。包括呼吸防护器、护目镜、口罩、帽子、实验服、隔离衣、防护服、围裙、手套、鞋套、胶鞋(靴)、听力保护器等。个体防护装备应符合国家规定的相关技术标准,实验室工作人员必须十分了解和掌握自己的工作性质和特点,应根据所操作的病原微生物危害程度评估结果来选择合适的个体防护装备。实验室还应建立个体防护装备的采购保管、使用培训、监督管理等制度,定期或不定期督查工作人员的防护措施执行情况。使用个体防护装备是防止实验人员感染最为关键和重要的措施,必须掌握正确的使用方法,遵循个体防护装备的使用规范。

二、管理要求

(一) 个体防护装备的配置和选择原则

1. 个体防护装备应符合国家规定的有关技术标准。

2. 实验室工作人员应在生物危害等级评估的基础上,按不同级别的防护要求选择适当的个体防护装备及类型。

3. 实验室工作人员必须经过个体防护的必要培训,熟悉所涉及的实验操作需要的个体防护装备类型,掌握正确的使用方法。

4. 个体防护装备的选择、使用、维护应有明确的程序或使用指导等书面规定。

5. 个体防护装备使用前应仔细检查,不使用标志不清、破损或泄漏的防护用品。使用中遇到污染、破损等情况,应及时更换。

6. 实验室工作人员在穿戴个体防护装备时,必要时应互相检查防护装备穿戴是否到位。

7. 实验室工作人员在实验结束或离开实验室前应按规定流程脱卸个体防护装备,不得带出实验室。可重复使用的应该消毒后再使用。

8. 一次性防护用品不得重复使用。

9. 个体防护用品应在有效期限内使用。

（二）个体防护装备的使用

1. 隔离衣

（1）隔离衣穿戴（图 12-1）

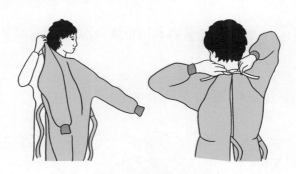

图 12-1 隔离衣穿戴

1）右手提衣领，左手伸入袖内，右手将衣领向上拉，露出左手。

2）换左手持衣领，右手伸入袖内，露出右手。

3）两手将衣领，由领子中央顺着边缘向后系好颈带。

4）将隔离衣一边（约在腰下 5cm 处）渐向前拉，见到边缘捏住。同法捏住另一侧边缘。

5）双手在背后将衣边对齐向一侧折叠，一手按住折叠处，另一手将腰带拉至背后折叠处。

6）将腰带在背后交叉，回到前面将带子系好。

（2）隔离衣脱卸（图 12-2）

图 12-2 隔离衣脱卸

1）解开腰带,解开颈后带子。

2）右手伸入左手腕部袖内,拉下袖子过手。

3）用遮盖着的左手握住右手隔离衣袖子的外面,拉下右侧袖子。

4）双手转换逐渐从袖管中退出,脱下隔离衣。

5）左手握住领子,右手将隔离衣两边对齐,污染面向内,污染面向里悬挂污染区处。

6）不再使用时,将脱下的隔离衣污染面向内,卷成包裹状,放入指定容器内。

2. 连体防护服

（1）连体防护服穿戴（图 12-3）

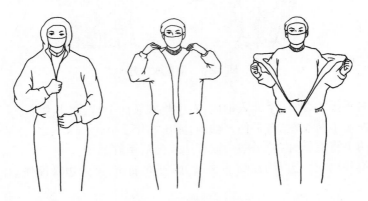

将拉链拉到底　　　向上提拉帽子,使头部　　从上向下边脱边卷
　　　　　　　　　　脱离帽子,脱袖子

图 12-3　连体防护服穿戴

1）取出防护服,将拉链拉至合适位置。

2）左右手握住左右袖口的同时,抓住防护服腰部的拉链开口处。

3）先穿下肢,后穿上肢,然后将拉链拉至胸部,再将防护帽扣至头部,将拉链完全拉上后,密封拉链口,并慢慢从下往上轻压检查密封胶条黏合度。

4）通过上举双臂、弯腰、下蹲等简单动作进行防护服舒适性检查。

（2）连体防护服脱卸（图 12-4）

1）轻轻解开密封胶条,将拉链拉到底。

2）向上提起帽子,使头部脱离帽子。

3）脱袖子时,从上向下边脱边卷,袖子脱出后双手抓住防护服的内面,将防护服内面朝外轻轻卷至脚踝部。

4）将脱下的防护服放入医疗废物袋内。

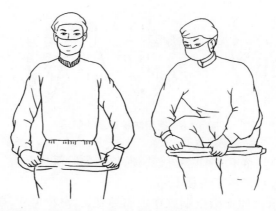

将防护服内面朝外轻轻卷至脚踝部,脱出后放入医疗废物袋内
图 12-4 连体防护服脱卸

3. 口罩
(1) 外科口罩(图 12-5)

图 12-5 外科口罩的佩戴和卸下

1) 将口罩罩住鼻、口及下巴,口罩下方带系于颈后,上方带系于头顶中部。

2) 将双手示指和中指指端放在鼻夹上,从中间位置开始,用手指向内按压鼻夹,并逐步向两侧移动,根据鼻梁形状塑造鼻夹。

3) 调整系带的松紧度。

4) 卸下外科口罩前应该进行手卫生,不要接触口罩前面(污染面)。

5) 先解下面的系带,再解上面的系带。

6) 用手仅捏住口罩的系带投入医疗废物容器内。

(2) 医用防护口罩(图 12-6)

1) 一手托住防护口罩,有鼻夹的一面朝外。

2) 将防护口罩罩住鼻、口及下巴,鼻夹部位向上紧贴面部。

图 12-6   医用防护口罩的使用

3) 用另一只手将下方系带拉过头顶,放在颈后双耳下。

4) 再将上方系带拉至头顶中部。

5) 将两手示指和中指指端放在金属鼻夹上,从中间位置开始,用手指向内按压鼻夹,并逐步向两侧移动,根据鼻梁的形状塑造鼻夹。

6) 戴好后进行自我密合性检查:将双手完全盖住防护口罩,快速的呼气,若有漏气,应调整到不漏气为止。

7) 卸下防护口罩时,一手托住防护口罩,另一手提起面具下方的系带越过头部,然后提起面具上方系带,使面具脱离面部,放入指定容器中。

4. 手套(图 12-7)

图 12-7   手套的穿脱

(1) 打开手套包,一手掀起口袋的开口处。

(2) 另一手捏住手套翻折部分,取出手套,对准五指戴上。

(3) 掀起另一只袋口,以戴着手套的手指插入另一只手套的翻边内面,将手套戴好。然后将手套的翻转处套在工作衣袖外面。

(4) 脱手套时,用戴着手套的手捏住另一只手套污染面的边缘将手套脱下。

(5) 戴着手套的手握住脱下的手套,用脱下手套的手捏住另一只手套清洁面的边缘,将手套脱下。

(6) 用手捏住手套的里面丢至医疗废物容器内。

5. 其他防护用品

(1) 防护帽:将脑后的长发完成发髻,刘海向上梳理;将帽子由额前向脑后罩于头部,尽量不让头发外漏。脱防护帽时应将双手伸进帽子耳后双方的内侧边缘,将帽子内面朝外取下,放入污物袋中(图 12-8)。

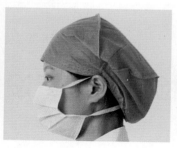

图 12-8　防护帽

(2) 护目镜:当进行有可能发生化学和生物污染物质溅出的实验时,必须佩戴护目镜。用一只手将镜带提套于头上,然后用双手调整护目镜至舒适位置。实验结束时先将镜带提起,再脱离面部并取下(图 12-9)。

图 12-9　护目镜的使用

(3) 洗眼器:用手轻推手柄开关阀,洗眼水会自动从洗眼器里喷出。用完后,把开关手柄复位,再盖上防尘盖子,以免粉尘落入洗眼器的喷头,造成洗眼器喷头堵塞(图 12-10)。

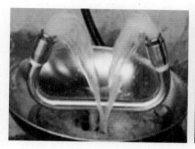

图 12-10　洗眼器的使用

第十三章

检测与消毒设备使用、维护

　　检测与消毒设备是实验室重要设备之一,这些设备用于实验室必要的分离、培养、检测及无菌操作,防止检验过程中致病微生物对检验人员及环境的污染,保证实验的安全进行。常用设备包括压力灭菌器、离心机、培养箱、冷冻干燥机、消毒设备、高压气瓶等,这些设备具有的高温、高压、高速等特性涉及实验室的安全性,应制定必要的使用维护规范,确保仪器设备的正常使用及实验室安全。

第一节　压力灭菌器使用、维护

一、概述

　　压力灭菌器是利用压力饱和蒸汽对产品进行迅速而可靠的消毒灭菌设备,适用对医疗器械、敷料、玻璃器皿、溶液培养基等进行消毒灭菌。正确的使用、保养维护方法及时机,是确保仪器设备的功能正常及延长机器使用寿命,保证实验安全,特制定本规范。

二、管理要求

(一) 压力灭菌器的使用

　　1. 安装压力灭菌器的房间要具有一定的通风条件,以保证散热;房间内不得有易燃易爆物体;仪器放置于水平地面(或坚固的水平台),四周应保证一定的空间;应保证电源能满足压力灭菌器的功率要求。

　　2. 操作前,应从机器上方向机器内加纯净水或蒸馏水,水面指示装置出现水位。每次灭菌之前,确认观察水面指示装置在安全范围里。

3. 放置物品 把待灭菌的物品放在灭菌室内,放入的物品不应堆放过紧,物品间应留有空隙,以利于蒸汽流通,避免影响灭菌效果。不同类型物品尽量不要同时灭菌。

4. 关门操作 推门至关闭位置,直至不漏汽为止。

5. 灭菌前准备 打开灭菌器电源和温度时间控制器电源,并打开供汽控制阀门,应先排放供汽管路中的冷凝水。

6. 参数设定 合上电源开关,准备指示灯亮;可进行灭菌温度与灭菌时间设定,同时启动在位灭菌监测装置。

7. 灭菌操作 按启动按钮,灭菌程序自动进行。

8. 开门操作 开门前必须确认灭菌室内压力为"0"时,方可打开门,打开门的操作与关门相反。

9. 在灭菌过程中,出现意外或任何时候想终止程序时应按紧急停止按钮,让灭菌器停止工作。

(二) 维护保养

1. 保持压力蒸汽灭菌器的清洁和干燥。

2. 安全阀、压力表按规定检验,以保证灭菌器正常工作,定期清洗减压阀前端过滤器以利于蒸汽流通。

3. 为确保灭菌器门的密封严密,应经常检查密封条,发现密封条老化、破损后应予以更换。

4. 长期使用后蒸汽中杂质会使阀芯动作不灵活而影响工作程序的进行,因此发现异常应及时清洗电磁阀内体阀芯或汽动阀。

5. 每年具有资质的检测机构技术人员对压力灭菌器进行检定或校准,并出具检定报告。

(三) 注意事项

1. 在消毒过程中或者内胆中压力较高,严禁打开盖子,也不要打开排水阀,一定要等到压力表示数为0MPa时才能打开盖子,且待水冷却后打开排水阀。

2. 在灭菌过程中不要把脸和手靠近安全阀,以免热能水蒸气突然从安全阀中喷出,造成大的伤害。

3. 灭菌液体时,应将液体罐装在硬质的耐热玻璃瓶中,以不超过3/4体积为好,瓶口选用棉花塞,切勿使用未开孔的橡胶或软木塞。特别注意:在灭菌液体结束时不准立即释放蒸汽,必须待压力表指针回复到零位后方可排放余汽。

4. 灭菌器长期不用的情况下,应将缸内的水排出来。

5. 在使用中,当压力表超过规定值时,安全阀不开启,应立即切断电源,放尽蒸汽,冷却后及时更换安全阀。

第二节　离心机使用、维护

一、概述

离心机是利用离心力,分离液体与固体颗粒或液体与液体的混合物中各组分的机器。实验分析用的分离机,可进行液体澄清和固体颗粒富集,或液-液分离,这类分离机有常压、真空、冷冻条件下操作的不同结构形式。正确的保养、维护方法及时机,是确保仪器设备的功能正常及延长机器使用寿命,特制定本规范。

二、管理要求

（一）离心机的安装

1. 台式离心机桌面要平整、牢固,大型离心机安装固定处地面应平整且牢固。放置离心机的台面应坚实、平整。周围无杂物。

2. 电源应具有独立地线,电源电压符合国家标准,地线应可靠,以免漏电,地线不能接在暖气管、自来水管上,零线与地线不能共用。

3. 离心机安放处于干净干燥无腐蚀性的环境中,以免离心机受潮遭腐蚀。

（二）离心机的使用

1. 装样要平衡,尽量找好平衡后离心,离心时要盖好盖子。

2. 离心条件的设定　通过旋转“速度”“定时”按钮分别设定离心的速度和时间。

3. 离心条件设定好后,启动离心机,当达到设定的时间后,离心机自动停止。在离心过程中,操作人员不得离开离心机室,一旦发生异常情况操作人员应按停止按钮或切断电源停止工作。

4. 离心完成后 10 分钟后打开盖子,以防止气溶胶的扩散。

5. 如果发生离心管子破裂等意外时,为防止污染事故,让机器静止半小时后再打开盖子,进行消毒处理后再使用。

6. 离心完毕后,应及时用干的软布拭去离心室的冷凝水,关闭离心机电源,并记录离心机使用情况。

（三）离心机的维护保养

1. 预防性保养包括日常保养和定期检查,日常保养由操作者完成,定期检查应由离心机生产商每 12 个月完成一次,或在任何需要的时候进行。

2. 保持外部清洁,应采用 70% 乙醇擦拭清洁。

3. 如有污染物倾倒,按照生物安全程序进行清理。

第三节　培养箱使用、维护

一、概述

　　培养箱是培养微生物的主要设备,可用于细菌、细胞的培养繁殖。其原理是应用人工的方法在培养箱内造成微生物和细胞、细菌生长繁殖的人工环境,如控制一定的温度、湿度、气体等。常用的培养箱主要分为四种:直接电热式培养箱、隔水电热式培养箱、生化培养箱和二氧化碳培养箱。正确的保养、维护方法及时机,是确保仪器设备的功能正常及延长机器使用寿命,特制定本规范。

二、管理要求

（一）培养箱的安装

1. 培养箱应放置于水平地面(或坚固的水平台),电源电压须匹配。

2. 仪器运行室内使用,避免日光直射。倾斜不超过 3°。仪器背部可以靠墙,确保仪器风扇的气流不会被阻挡。

3. 根据说明书要求房间有合适的室温和相对湿度。

4. 培养箱外壳必须有效接地,以保证使用安全。

5. 培养箱应放置在具有良好通风条件的室内,在其周围不可放置易燃易爆物品。

（二）培养箱的使用

1. 当试验物品放入培养箱内后,将玻璃门与外门关上,并将箱顶上风顶活门适当旋开。箱内物品放置切勿过挤,应留出合适的空间。

2. 将温度调节旋钮调至所需温度,然后将电源开关打开。

3. 培养箱工作温度波动范围应控制在 ±1℃以内。

4. 记录每天培养箱温度,如温度超出正常范围,立即调节温度按钮或通知设备科维修,并把修正温度记录下来。

5. 培养箱内外保持清洁。

（三）培养箱维护保养

1. 定期清洁培养箱内外表面,不得使用具有酸碱腐蚀性的溶液。

2. 温度校正至少每年一次。质控失控或仪器检测指标失控、仪器移位后及仪器因故障进行维修后需要校正。仪器校正后,微生物负责人对各项指标进行核实,指标达到要求方可。

3. 影响检验质量的故障,应立即转移内容物,放入其他培养箱。

第四节 冷冻干燥机使用与维护

一、概述

冷冻干燥机就是将含水物质,先冻结成固态,而后使其中的水分从固态升华成气态,以除去水分而保存物质的冷干设备。是由制冷系统、真空系统、加热系统、电器仪表控制系统所组成。在生物工程、医药工业、食品工业、材料科学和农副产品深加工等领域有着广泛的应用。正确的保养、维护方法及时机,是确保仪器设备的功能正常及延长机器使用寿命,特制定本规范。

二、管理要求

(一) 使用

1. 系统准备及预冻

(1) 第一次使用冷冻干燥机时,必须对冷冻干燥机各部件进行彻底的清洁,不锈钢的部件使用乙醇进行清洗。

(2) 冷冻干燥之前必须进行预冻,将样品盘放入预冻架上,并置于冷阱中,温度计探头置于上层样品盘上,一般需要 3~4 个小时左右,可以直接从外面进行观察到,物品完全冰冻结实后,才可进行冷冻干燥的实验。

(3) 预冻结束后,将样品盘从冷阱中取出,迅速装进干燥架,将干燥架置于冷阱上方,罩上有机玻璃罩,干燥罩与下端 O 形密封圈完全接触。

(4) 冷冻干燥机主机上设有两个电源插座,一个将真空泵的电源线连接上主机,再将第二个冷冻干燥机上的总电源插上电源。

(5) 真空泵运转前必须检查是否加入真空泵油,否则不能正常运行。油面不得低于油镜的中线,真空泵刚开始使用时有比较强烈的抖动,慢慢地会变的平稳。

(6) 如果气密性不好,应该在冷阱上方的密封橡胶圈涂抹一些真空脂,将有机玻璃罩轻旋在橡胶圈上,在打开真空泵测试其气密性。以确保气封闭的完整。

2. 干燥 检查充气阀门是否拧紧,打开真空泵,真空泵开启运行,真空度迅速下降,等待 10~15 分钟,至 20Pa 以下为正常。确保系统参数(冷冻温度、真空压力)在正常范围内;观察样品是否干燥完全,一般干燥过程需要 24~72 小时,视具体样品通过目测而定。

经过一定时间的干燥运行后,查看样品曲线及视感样品已完全干燥,慢慢旋开充气阀门,使冷冻干燥机内压强回升至110kPa。关闭真空泵,再关闭真空计。取下有机玻璃罩,从干燥架上取出样品盘,关闭压缩机。

3. 关机　冷阱中的水分融化后,从充气阀门流出,注意接收。每次使用完毕,务必记录使用时长,累计300小时,更换机油。

样品需要预冷到至少 −20℃（溶剂为水,其他溶剂 −40℃）,可以在冰箱（−20℃/−80℃）中进行。打开有机玻璃密封罩,将样品置于隔板上。关闭有机玻璃密封罩,将放水进气阀关紧。关闭总开关。

（二）仪器维护

实验结束后,进行常规维护,清洁仪器表面。除霜:冷阱中的冷凝器需要除霜。除湿和清洁:冷阱、真空泵压缩机以及垫圈等表面的水雾均需擦干。泵油:定期检查油位,排除油雾,按时更换泵油。

（三）注意事项

1. 样品要保持冷冻,不能"回融"。大多数溶剂的冰点高于 −40℃,所以冷阱温度低于 −40℃可以使一般样品保持冰态。为确保样品不"回融",可将冷冻的样品制成小于20mm的小块。

2. 有毒或有腐蚀性的样品不能用来冷冻干燥。

3. 在低温情况下操作,注意佩戴棉纱手套,避免冻伤。特别是在预冻结束后对冻干架进行操作时,务必佩戴棉纱手套。

4. 有机溶剂对有机玻璃罩等零部件有腐蚀作用,因此应避免物料中含有有机溶剂。

5. 冻干室有机玻璃罩忌用有机溶剂清洗,其底面为光洁密封接触面,最好不要直接接触其他硬物,以免造成损伤,影响真空度。

6. 真空泵是本机的重要组成部分,应注意保养和维护。经常检查泵油质量,一般情况下,累计工作200小时左右需更换真空泵油(旧油彻底排出后再往里注入新油),有关事项请参看真空泵说明书。

7. 操作过程中勿频繁开关制冷系统,如因操作失误或其他原因造成压缩机停止运转,应等待20分钟后方可再次启动,以免损坏压缩机。

第五节　消毒设备使用、维护

一、概述

实验室消毒设备是切断生物性传播途径重要保证,消毒设备的正确运转也是确保生物安全实验室正常运行的前提条件。正确的保养、维护方法及时机,是确保仪器设备的功能正常及延长机器使用寿命,特制定本规范。

二、管理要求

(一) 消毒设备使用、维护

1. 实验室设立单位应制定实验室消毒管理程序,包括消毒设备的配置、不同消毒对象的消毒要求等。

2. 实验室应合理选择消毒设备和消毒方法及确定消毒对象。

3. 实验室应选择经过科学论证和可靠的消毒方法和技术及流程,不得采用未经验证的消毒方法和消毒程序。

4. 实验室应按照要求规范开展消毒效果的评价与检测,确保消毒效果。

5. 实验室应定期对消毒设备和器具进行维护,确保其应有的消毒性能。

6. 实验室不得使用失效或过有效期的消毒制剂用于消毒。

(二) 过氧化氢气化消毒器使用维护

1. 操作人员使用过氧化氢发生器前应经过规范的岗前培训。

2. 根据被消毒区域的空间体积大小,设置相应的工作参数,如过氧化氢闪蒸流量、熏蒸时间等。

3. 使用前应检查发生器的电源接在净化空调机组或风机的控制电源输出端后,确保空调机组或风机正常运行时,才能开启过氧化氢发生器。

4. 使用前确保洁净区通风口无障碍物,循环和排风顺畅。

5. 在不使用或使用完毕后,过氧化氢发生器应放置在干燥通风的环境下,方便操作人员操作和维护保养工作。

6. 取出过氧化氢溶液瓶时,需戴上手套,缓缓地倒入适量过氧化氢,防止溶液溅漏和溅出,腐蚀人体皮肤表面和眼睛。

7. 每次运行前查看过氧化氢量,避免不足的情况。同时确保瓶内过氧化氢至少 3 天更换一次。

8. 若过氧化氢发生器需使用干燥剂,为保证除湿效果,应及时更换。

9. 有定期的校验关键电子元件和传感器,做好及时校准和维护工作。

10. 在使用过程中有稳定的、可靠的电力供应。

11. 在消毒过程中,严禁人员进入消毒区域。

12. 在消毒结束后,消毒区域空气中过氧化氢浓度降解至安全浓度(建议值是 1ppm)以下,人员方可进入。

13. 当过氧化氢发生器出现故障时,应及时维修,并进行适当的性能测试,合格后才能再次使用。

14. 使用完毕后,关闭电源。查看有无报警情况,若有,及时检查并维修。

15. 使用后,每次都应做好擦拭清洁工作,不留污垢、水渍和灰尘。

16. 使用后及时做好相关的仪器使用维护记录和消毒记录,以便回顾和审查。

（三）甲醛熏蒸消毒器使用维护

1. 操作人员使用甲醛熏蒸装置前应经过规范的岗前培训。

2. 根据被消毒区域的空间体积大小,设置相应的工作参数,如熏蒸时间,以及甲醛、高锰酸钾的使用量。

3. 使用前应检查发生器的电源接在净化空调机组或风机的控制电源输出端后,确保空调机组或风机正常运行时,才能开启甲醛熏蒸装置。

4. 使用前确保洁净区通风口无障碍物,循环和排风顺畅。

5. 在不使用或使用完毕后,甲醛熏蒸装置应放置在干燥通风的环境下,方便操作人员操作和维护保养工作。

6. 在配制甲醛熏蒸溶液时,需戴上手套,顺序是将甲醛倒入高锰酸钾溶液中。

7. 有定期的校验关键电子元件和传感器,做好及时校准和维护工作。

8. 在使用过程中有稳定的、可靠的电力供应。

9. 在使用过程中严禁人员进入消毒区域。

10. 根据甲醛溶液消耗的量,在容器中加入一定量的氨水溶液,进行加热中和甲醛,开启密闭循环。

11. 在消毒结束后,消毒区域空气中甲醛含量必须经过残留测试达到人体安全浓度以下,人员方可进入。

12. 当甲醛熏蒸装置出现故障时,应及时维修,并进行适当的性能测试,合格后才能再次使用。

13. 使用完毕后,关闭电源。查看有无报警情况,若有,及时检查并维修。

14. 使用后,每次都应做好擦拭清洁工作,不留污垢、水渍和灰尘。

15. 使用后及时做好相关的仪器使用维护记录和灭菌记录,以便回顾和审查。

16. 操作时由 2 人共同操作,以防发生意外。

（四）普通紫外灯消毒器使用维护

1. 操作人员使用紫外灯消毒器装置前应经过规范的岗前培训。

2. 根据被消毒区域的空间体积大小,设置相应的工作参数,（紫外线消毒物品物表时,灯管距离物品物表不超过 1m,应使照射表面受到紫外线的直接照射,且应达到足够的照射剂量。采用室内悬吊式紫外线消毒时,室内安装紫外线消毒灯（30W 紫外灯,在 1.0m 处的强度 $>70\mu W/cm^2$）的数量为平均每立方米不少于 1.5W 照射时间不少于 30 分钟。）

3. 人员在室内活动时,禁止使用紫外灯直接照射消毒。

4. 消毒前应做好室内清洁卫生工作,消毒时应关闭门窗,时间达到 30 分钟或以上;当温度低于 20℃或高于 40℃,相对湿度大于 60% 时,应适当延长照射时间。

5. 实施终末消毒应先用紫外灯消毒空气 30 分钟,再行清洁。在清洁及物表消毒完毕后再用紫外灯消毒 30 分钟。

6. 实施空气消毒后应及时开窗通风。不得使用紫外线光源照射到人,已免受到损伤。

7. 紫外线消毒物品物表时,灯管距离物品物表不超过 1m,应使照射表面受到紫外线的直接照射,且应达到足够的照射剂量。

8. 对新的和使用中的紫外灯管应进行照射强度监测,新灯管的照射强度不得低于 ≥100μW/cm² 为合格,使用中 ≥70μW/cm² 为合格。

9. 灯管表面应保持清洁,每周用酒精布擦拭灯管一次,若发现有灰尘、油污应随时擦拭。每次清洁后应登记签名。对不能启动,或使用中出现发光不均匀、光圈波动、光晕的灯管,使用科室应通知电工到场检修。

(五)紫外消毒装置使用维护(上层平射紫外线空气消毒器)

1. 操作人员使用紫外灯消毒器装置前应经过规范的岗前培训。

2. 上层平射紫外线空气消毒时应关闭门窗,接通电源指示灯亮,按遥控器设定消毒时间,开机后按设定程序经过一个消毒周期(平射消毒 2~3 小时,快速消毒 0.2~1 小时)完成消毒处理。消毒器运行方式采用间断运行。

3. 消毒器应配有人体感应监控器。工作时,当人体高度超过 2.1m 以上区域时,机器自动关闭紫外灯管,指示灯灭,以防人体被照射灼伤。待 3 分钟后,感应区内无人员活动,则会再次启动灯管点亮消毒。

4. 在消毒结束后,机器自动关停,消毒区域 2.1m 以下应残留量达到测试标准要求,人员无须躲避。

5. 因现场使用环境有差异,当发现紫外灯管有损坏或累计使用时间超过 1 000 小时时应更换。

6. 注意室内物体表面卫生 该机主要对室内空气及上层物表进行有效消毒。因此,要求室内其他物体表面卫生也必须符合原卫生部关于环境物体表面卫生的有关要求。应每天对地面、墙面下半部及室内物体表面(包括器械柜顶面)进行清洁消毒,每月对墙面及顶棚彻底清洁消毒 1~2 次。且室内不宜悬挂窗帘等布类易吸尘、易扬尘物品。

7. 严禁在存有易燃、易爆物质的场所使用。

8. 消毒时,机器的进出风口不得有遮挡物,应尽可能地保证空气的良好循环。

（六）臭氧发生器使用维护

1. 操作人员使用臭氧发生器前应经过规范的岗前培训。

2. 根据被消毒区域的空间体积大小，设置相应的工作参数，如工作时间、臭氧浓度、电压频率等。

3. 使用前应检查发生器的电源接在净化空调机组或风机的控制电源输出端后，确保空调机组或风机正常运行时，才能开启臭氧发生器。

4. 使用前确保洁净区通风口无障碍物，循环和排风顺畅。

5. 在不使用或使用完毕后，臭氧发生器应放置在干燥通风的环境下，方便操作人员操作和维护保养工作。

6. 有定期的校验关键电子元件和传感器，做好及时校准和维护工作。

7. 在使用过程中有稳定的、可靠的电力供应。

8. 在使用过程中严禁人员进入消毒区域。

9. 在消毒结束后，当消毒区域空气中无刺激性气味或检测残留标准值以下时，人员方可进入。

10. 当臭氧发生器出现故障时，应及时维修，并进行适当的性能测试，合格后才能再次使用。

11. 使用完毕后，关闭电源。查看有无报警情况，若有，及时检查并维修。

12. 使用后，每次都应做好擦拭清洁工作，不留污垢、水渍和灰尘。

13. 使用后及时做好相关的仪器使用维护记录和消毒记录，以便回顾和审查。

第六节　高压气瓶管理

一、概述

高压气瓶是一种承压设备，具有爆炸危险，且其承装介质一般具有易燃、易爆、有毒、强腐蚀等性质，正确的使用、保养维护方法及时机，是确保高压气瓶的功能正常及延长使用寿命，保证实验室安全，特制定本规范。

二、管理要求

1. 对气瓶库房应有一定的设计和使用要求，如电器设施、照明、开关必须采用防爆型，电器线路应穿管固定，库内不准使用电炉、电取暖器及明火。

2. 气瓶与气瓶库房应远离高温、明火、熔化金属飞溅物和可燃易燃物在一定范围之外。

3. 高压气瓶应分类存放并根据气体性质规定存放条件。如各类有爆炸危险的气体瓶,液体、液化气、氧气、乙炔气、氢气、氮气等气体瓶应存放在阴凉通风的库房,氢气不能和氧气存放在一起,氧气不能和乙炔气、液化气存放在一起。

4. 高压气瓶应在效期内使用,并确保气瓶、瓶帽、阀、防震圈完好齐全。

5. 实验室应建立气瓶的分类台账,并做好相应的使用记录。

6. 实验室应建立高压气瓶使用规程并严格遵守,在使用中严禁敲击、碰撞,瓶阀冻结时严禁靠近火源。

7. 实验人员操作使用高压气瓶前应经过规范的操作培训。

三、氧气瓶使用

1. 实验室应建立相应的操作规程和贮存注意事项。

2. 氧气瓶存放或使用时要固定好,防止滚动。

3. 搬运氧气瓶时应注意安全,带好瓶帽及防震胶圈,使用专门架或小车,氧气瓶禁止在地面上滚动,严禁与燃料油类及易燃物一起存放及搬运。

4. 氧气瓶带表搬运时,必须将氧气截门关好,顶针退出,以免表崩伤人;氧气瓶禁止放在温度过高及太阳直射的地方,以防温度过高发生爆炸。

5. 装减压阀及压力表前先检查氧气瓶嘴是否损坏及有无油类。

6. 开氧气前先将顶针退出,操作者须站在气瓶出气口的侧面缓慢开动,要用专用工具,动作要缓慢,不得敲击氧气截门手轮,以防表崩跑气伤人,安装胶管后顶出少许氧气再上焊把,氧气胶管与气瓶及焊把连接处,必须用退火铁丝扎牢。

7. 氧气瓶减压阀及压力表必须垫稳,以免滚动将表损坏或发生事故,氧气不得用尽,至少剩 0.5MPa,以防止外界空气进入气瓶,并标明"空"字样。

8. 实验室应规定氧气瓶与明火的距离及氧气瓶与乙炔瓶距离。

9. 温度较低氧气瓶冻结时,不得用火烤,可以用温水化开,以防发生事故。

10. 实验室应建立相应的急救和应急处理措施。

四、氢气瓶使用

1. 实验室应建立相应的操作规程和贮存注意事项。

2. 氢气瓶使用过程中避免剧烈震动和碰撞冲击,严禁从高处滑下,或在地面上滚动。

3. 必须使用专用的减压器。

4. 规定开启氢气瓶必须用铍铜材料制成的工具。气瓶使用前,检查瓶阀、接管螺纹、减压器等是否完好。

5. 气瓶开启完毕,须进行检漏,与氢气瓶接通的管道和设备要有接地装置,以防产生静电造成燃烧或爆炸。冬季瓶阀、减压器冻结时,可用热水或水蒸气解冻,严禁用火烤或用铁器锤击瓶阀。不允许猛拧减压器的调节螺丝,以防气体大量冲击。

6. 阀门或减压器泄漏时,不得继续使用;阀门损坏时,严禁在瓶内有压力的情况下更换阀门。

7. 气瓶内气体不允许全部用完,应留有余气 1~3 表压。并关紧阀门,防止漏气。更换时要确保新气瓶标记清晰完整;搬运过程中要轻拿轻放,只有当气瓶竖直放稳后方可松手脱身。

8. 实验室应建立相应的急救和应急处理措施。

五、二氧化碳气瓶使用

1. 实验室应建立相应的操作规程和贮存注意事项。

2. 钢瓶千万不能卧放。如果钢瓶卧放,打开减压阀时,冲出的二氧化碳液体迅速气化,容易发生导气管爆裂及大量二氧化碳泄漏的意外。

3. 减压阀、接头及压力调节器装置正确连接且无泄漏、没有损坏、状况良好。

4. 二氧化碳不得超量填充。液化二氧化碳的填充量,温带气候不要超过钢瓶容积的 75%。

5. 实验室应建立相应的急救和应急处理措施。

六、氮气气瓶使用

1. 实验室应建立相应的操作规程和贮存注意事项。

2. 保持阀门清洁,防止砂砾、秽物或污水等侵入阀门套管,引起漏气。清理时,由有经验的人慢慢开阀门,排出少量气冲走污物,操作人员应稍远离气瓶阀门;使用前检查不漏气方可使用。

3. 开阀门时,应缓缓进行;关闭阀门时,以能将气体截止流出就可以,适可而止,不要过度用力。

4. 气瓶不要和电器电线接触,以免发生电弧,使瓶内气体受热发生危险。

5. 气瓶内的气体不能用尽,即输入气体压力表指压不应为零,否则,可能混入空气,将来再重装的气体工作时会发生危险。

6. 实验室应建立相应的急救和应急处理措施。

参考文献

［1］中华人民共和国国家卫生和计划生育委员会.病原微生物实验室生物安全通用准则（WS 233—2017）.北京：中国标准出版社，2017.

［2］全国认证认可标准化技术委员会.实验室生物安全通用要求（GB 19489—2008）.北京：中国标准出版社，2008.

［3］世界卫生组织（WHO）.实验室生物安全手册.第3版.日内瓦：世界卫生组织（WHO），2004.

［4］X.X.Qiu，J.Q.Weng，Z.G.Jiang，et al.SINS model in the management of biosafety level 2 laboratories：Exploration and practice.Biosafety and Health，2019，12.

［5］李劲松，周乃元.中国实验室生物安全关键技术、产品和法规及标准的研究现状.中华流行病学杂志，2011，32（5）：460-464.

［6］中华人民共和国国务院.病原微生物实验室生物安全管理条例，2018-03-19.

［7］中华人民共和国卫生部.人间传染的病原微生物名录，2006-01-11.

［8］浙江省卫生厅.浙江省二级生物安全实验室技术规范（试行），2007-06-28.

［9］浙江省卫生和计划生育委员会，浙江省发展和改革委员会，浙江省教育厅，等.浙江省病原微生物实验室生物安全管理办法（试行），2016-07-29.

［10］Kenny，MT.，sable，FL.Particle size distribution of Serratia marcescens aerosol created during common laboratory procedures and simulated laboratory accidents.Appl.Micro-biol，1968，16：1146-1156.

［11］Pike，RM.Past and present hazard of working with infectious agents.Arch.Path.Lab.Med，1978，102：333-336.

［12］中华人民共和国国家卫生和计划生育委员会.临床实验室生物安全指南：WS/T 442—2014.2014.

［13］曹启峰，蒋健敏.二级生物安全实验室管理体系文件编制实用手册.杭州：浙江文艺出版社，2013.

［14］方春富，陈卫国，祝进.市县医疗机构实验室生物安全管理体系文件编写指南.杭州：浙江科技出版社，2011.

［15］全国人民代表大会常务委员会.中华人民共和国保守国家秘密法，2010.

［16］中华人民共和国国务院.中华人民共和国保守国家秘密法实施条例，2014.

[17] 中华人民共和国卫生部.卫生工作国家秘密范围的规定,2011.

[18] 中华人民共和国国务院.艾滋病防治条例,2006.

[19] 全国人民代表大会常务委员会.劳动合同法,2019.

[20] 中华人民共和国卫生部.临床实验室安全准则:WS/T 251—2005.2005.

[21] 翁景清,顾华等.生物安全实验室建设与管理.杭州:浙江文艺出版社,2019:84-98.

[22] 尹一兵,倪培华.临床生物化学检验技术.北京:人民卫生出版社,2015.

[23] 中国合格评定国家认可委员会.医学实验室质量和能力认可准则在临床化学检验领域的应用说明(CNAS-CL02-A003:2018)

[24] 中华人民共和国国家卫生和计划生育委员会.医疗机构环境表面清洁与消毒管理规范(WST 512—2016).北京:中国标准出版社,2017.

[25] 中华人民共和国卫生部.医疗机构消毒技术规范(WS/T 367—2012).北京:中国标准出版社,2012.

[26] 中华人民共和国卫生部.医疗卫生机构医疗废物管理办法,2003-10-15.

[27] 中华人民共和国国家卫生和计划生育委员会.《医疗废物分类目录》(卫医发〔2003〕287 号),2004-06-04.

[28] 中华人民共和国环境保护总局,国家质量监督检验检疫总局.医疗机构水污染物排放标准(GB 18466—2005).北京:中国环境科学出版社,2005.

[29] 中华人民共和国国家卫生和计划生育委员会.病原微生物实验室生物安全标识(WS 589—2018).北京:中国标准出版社,2018.

[30] 李金明,刘辉.临床免疫学检验技术.北京:人民卫生出版社,2015.

[31] 中国合格评定国家认可委员会.医学实验室质量和能力认可准则在临床免疫学定性检验领域的应用说明(CNAS-CL02-A004:2018)

[32] 中华人民共和国国家卫生和计划生育委员会.医疗机构环境表面清洁与消毒管理规范(WST 512—2016).北京:中国标准出版社,2017.

[33] 刘运德,楼永良.临床微生物学检验技术.北京:人民卫生出版社,2015.

[34] 中华人民共和国环境保护总局,国家质量监督检验检疫总局.医疗机构水污染物排放标准(GB18466—2005).北京:中国环境科学出版社,2005.

[35] 《危险化学品安全管理条例》(中华人民共和国国务院令第 645 号,2013 年 12 月 7 日)

[36] 《浙江省危险化学品安全管理实施办法》浙江省人民政府令(第 184 号)

[37] 《易制爆危险化学品治安管理办法》(中华人民共和国公安部令第 154 号,2019 年 7 月 6 日)

[38] 《危险化学品目录(2015)》

[39] 《民用爆炸物品品名表》

[40] 《易制毒化学品的分类和品种目录》

[41] 《易制爆危险化学品名录(2017 年版)》

[42] 《中华人民共和国消防法》(2019 修订版)

[43] 公安部消防局.消防安全管理.北京:新华出版社,1998.

[44] 金辉编.社会消防安全培训教材.杭州:西泠印社出版社,2006.

[45] 郑涛.我国生物安全学科建设与能力发展.军事医学,2011,35(11):801-804.

[46] 裴杰,王秋灵,薛庆节,等.实验室生物安全发展现状分析.实验室研究与探索,2019,38(9),289-292.

[47] 美国生物安全与生物安保改革备忘录,004979. The White House,2015.